JN058177

ホントのコイズミさん

WANDERING

小泉今日子

303
BOOKS

#コイズミさん Outfit of The Day

CONTENTS

本書は、 Spotify オリジナル Podcast 番組『ホントのコイズミさん』の内容を加筆訂正し、再構成したものです。

Chapter

1

2021.06.28 / 07.05

吉本 ばなな

Banana Yoshimoto

吉本ばなな（よしもと ばなな）
1964年、東京生まれ。日本大学藝術学部文芸学科卒業。87年『キッチン』で第6回海燕新人文学賞を受賞しデビュー。88年『ムーンライト・シャドウ』で第16回泉鏡花文学賞、89年『キッチン』『うたかた／サンクチュアリ』で第39回芸術選奨文部大臣新人賞、同年『TUGUMI』で第2回山本周五郎賞、95年『アムリタ』で第5回紫式部文学賞、2000年『不倫と南米』で第10回ドゥマゴ文学賞（安野光雅・選）、2022年『ミトンとふびん』で第58回谷崎潤一郎賞を受賞。著作は30か国以上で翻訳出版されており、イタリアで93年スカンノ賞、96年フェンディッシメ文学賞＜Under 35＞、99年マスケラダルジェント賞、2011年カプリ賞を受賞している。近著に『吹上奇譚　第四話　ミモザ』がある。noteにて配信中のメルマガ「どくだみちゃんとふしばな」をまとめた文庫本も発売中。

東京・千駄ヶ谷にある出版社「幻冬舎」さんに場所を借り
お迎えするゲストは、作家の吉本ばななさん。家族の話、旅
の話、ばななさんの暮らす下北沢の話、そして人生につい
ての話など、以前から親交のあるふたりがたっぷりと語ら
いました。

久々の再会。コロナ禍の1年を振り返る

小泉　今日、私の目の前に来てくださったのは、なんと吉本ばなな
　　　さんです。こんにちは。

吉本　お久しぶりです。

小泉　以前お会いしたのは、あれ何年前ですかね。

吉本　3、4年前かなあ。

小泉　そうかもね。私がまだ渋谷の辺りに住んでいたから。今、引
　　　っ越して。

吉本　えっ、あんなに気に入っていたのに!?

小泉　そうなんですよ。ずっと住みたかったんだけど、いろいろ
　　　あって。そのころは共通のお友だちのOmiちゃんがバーを
　　　やっていて、私の家からもすぐ近くで。ばななさんは、フラの。

吉本　そう、フラのスタジオから近かったのね。

小泉　そこで、2回くらいお会いしたのかな。

吉本　なんだかんだ言って4回くらい会ったかもしれない。大体
　　　酔っぱらって別れるからよく覚えてない（笑）。

小泉　ふふ。それ以来。たぶん3年とか経ってるかなと思いますけ
　　　ど。なんか、会うといつもホッとするんですよね、私。そう、
　　　最初にばななさんがお書きになった小説の『キッチン』。こ
　　　れ1988年刊行なんですね。

吉本ばなな
『キッチン』

吉本	きゃー。
小泉	私はね、これを当時読んで、少しお姉さんだけど同世代の方がこんな小説を書かれたっていうことにすごく感動して。私自身も忙しい日々の中であの小説に出会って、心に溜まったガスが抜けたじゃないけど。歌手活動が忙しくて、見えるものばかりを押しつけられているような毎日だったと思うのね。でも「見えないものも世界なんだ」っていうふうに心が広がって、それがすごく助けられたという感覚があって。それから大人になってもぎゅうって、ぱんぱんになったときには「ああ、そうだ。吉本ばななを読もう!」って。
吉本	まあ!　そうなんですね。
小泉	はい。ずっとそういうふうに、ばななさんの小説とはつき合わせていただいてます。この1年ってどう過ごしてました?
吉本	前半は、おじいちゃんを看取ってて、まわりはコロナで大さわぎだけど私は「お弁当つくらないと、おじいちゃん死んじゃう!」っていう感じ。それで、おじいちゃんがこの世を去り「なんか気が抜けたな」と思ってたら、また今みたいな状況*になってしまって。今度は、子どもが帰ってくるのが8時、夫が帰ってくるのが8時で、もうその時間だとお店が開いてないから、ずっとごはんつくってました。だからこの2

年間、全然ダメージを受けてない。あとは骨折しました。看取り、ごはんづくり、骨折（笑）。

小泉　あはは！　骨折ね。だいぶ良くなられたみたいで良かったです。転んじゃったの？

吉本　転んじゃったんです。山に登って、まだ膝がちょっとおかしい段階で街に下りてきてただ普通に歩いてたら、いきなり転んで。だからすごく個人的なことで忙しくてそんなに影響を受けてないっていうか。ただ、打ち合わせなしで本をつくるとか。ただでさえ寂しい仕事なのに。バンド羨ましいなとかいつも思ってるぐらいなのに……。

小泉　じゃあメールとか電話とかだけで、本ができあがっていくっていう感じ？

吉本　そう、それはすごく変な感じがしました。打ち上げなしとか。せめてものバンド感が出るのが本をつくる過程だけなのに、それがないと「本当にひとりだ」って感じで、ちょっと寂しかったです。あと私の読者さんは大体、台湾・韓国・イタリアに集中してるから、その人たちが私を忘れそうになったころに行って、ばーっと新聞とかに出て、また持ち直すっていうのをやっているから、「今度はどこまで効くんだろう。みんな忘れないで」と思ってます。

小泉　まあ忘れないとは思うけどね。そもそもばななさんは、いくつぐらいのときから文章を書いてたの？

吉本　大体、5歳くらい。

小泉　へえ！　それは、物語？

吉本　ちょっとした物語みたいな。

---

*今みたいな状況：収録時は東京で3度目の新型コロナウイルス感染症緊急事態宣言が発令されていた。

小泉	5歳の私を思い出してみるけど、絶対書けないよね（笑）。絵本を読むっていうのはあったけど。物語って私はまだ書いたことがないと思う。
吉本	え、そうですか？
小泉	うん。あ、作詞とか、あとはエッセイ。自分に起こったことを書くってことはできてて、その中でちょっと脚色して物語っぽくするってことはできてるけど。どんな感じなんだろう？ 何をしてるのに近い感覚なんだろう。
吉本	よくコミケとかで、自分の好きな漫画を二次創作しているじゃないですか。ちっちゃいときは、あれと同じ感じ。意に沿わない結末だから、こうだったらいいなとか。キャラクターは借りてた気がします。
小泉	絵も描いてたんですっけ？
吉本	描いてましたけど、姉があんまり絵がうまかったから、お姉ちゃんに描いてもらえばいいやってなって。だんだん、文章に特化していったんです。
小泉	お姉さんはね、漫画家ですもんね。お父さんは……、
吉本	評論家。
小泉	さっき言ってたおじいちゃんっていうのは？
吉本	それは夫のお父さん。最期までワイルドでした。やっぱりね、あの昭和の頭というか戦中世代というか……は、全てが強くワイルドなんですよ。
小泉	うちの父はもうとっくに、私が20代のときに他界してるんですけど、心臓がめちゃワイルドだったみたいで。もう意識もなくっていろいろ意思の疎通もできないんだけど、心臓が強くて強くて、ずっと頑張ってくれてた。「やっぱり、強えなあ」って思って見てました。
吉本	そうやっぱり、昔の人は体も強いですよね。

小泉　うちの父は昭和4年生まれだったと思いますけど。

吉本　うちのおじいちゃんは2年。

小泉　じゃあすごく長生き！

吉本　そう92歳。最期も誕生日の前の晩にうなぎを取って食べて、おやすみって言って寝て、それで死んじゃったんで。ほんと、「大往生ってこれだ！」って。うなぎが大好きだったから。「人間ってこんな死に方できるんだ！」と思って、すごく勉強になりました。

小泉　すごくかっこいいですね。うちのおじいちゃんの話なんですけど、小柄だったけどすごく色っぽい、色男みたいな感じだったんですね。母の方のおじいちゃんで、すてきな女性と暮らしていたんです。私、おばあちゃんって呼んでたんだけど。亡くなったときは夏で、「ちょっと昼寝をする」って言ってお布団を敷いて横になってね。おばあちゃんがうちわで仰いでて「この人の唇って、赤くていつもきれいなのよね」って思って顔見たら「あれ、赤くない」って（笑）。

吉本　ええ⁉　すてき。すてきって言っていいのかな。でも、すてきな亡くなり方ですね。

小泉　すごく優しい人だったから「ああ、人柄とか生き様とかって、最期まで一緒なんだな」っていうふうに思ったんですよね。なんか、理想的だなっていうか。

吉本　それは本当にそうかも。なんてすてきな話であろうか。

小泉　そう、そのおばあちゃんもね、すごく粋な感じの人で。紫色の服しか着なかったんですって。着物もお洋服も、全部紫。その紫の中で、藤色から濃い紫までバリエーションがあるのね。サングラスもどこかに紫が入ってたり、ハンカチにもちょっと紫の蝶々が描いてあったりとか。それくらい徹底していて、すっごくおしゃれな人だったんですよね。

吉本	いい話聞いちゃったなあ。
小泉	息子さんはお元気?
吉本	はい、もう大きいです。18歳。金髪で細長い。180cm以上あるから。
小泉	おお。そんなに背が伸びて、金髪なんだ。いいですね。
吉本	大変ですよ。大きいというだけで、大変ですよ。
小泉	ほんと? 私は子どもを産まなかったから、赤ちゃんを産んでその子が成長して、今180cm以上ある金髪のシュッとした青年になってるとか、どんな感覚なんだろうって。
吉本	気分はもう、おばあちゃん。おばあちゃんというか、もうおじいちゃん。自分が。
小泉	あははは! おじいちゃんな感じ? へえ、不思議。
吉本	「大きく育って良かったのう。モテるといいのう」みたいな。
小泉	なんか前に会ったとき、マジックに凝っていて。
吉本	まだ練習してますよ(笑)。
小泉	すごく手先が器用でね。
吉本	器用じゃないんだけど、マジックだけはできるんですよね。
小泉	おもしろい子だったよね。楽しかった。
吉本	おもしろいかどうかはともかく。「キョンキョンによろしく」って言ってました。
吉本・小泉	(笑)
小泉	猫は? 元気?
吉本	猫はね、先代が亡くなって。それでうちの夫、猫が命だから、猫が死んだら死にそうになっちゃって。日に日に痩せていったから「大変、あっち側に行ってしまう!」と思って、千恵ちゃんに相談したんですね。「こえ占い千恵子」っていう。
小泉	声占いの千恵子さんていうね、お友だちがいて。声で占ってくれる。

吉本	いろんなことがわかっちゃう。それが抽象的にわかるんじゃなくて、物理的というか。実験というか理科というか、数学というか。
小泉	なんか意外なんですよね。声でわかることがふわんとしたことじゃなくて、はっきりしたことだったりするんだよね。
吉本	うちの夫がもう、だめになっちゃったんだけど、保護猫を見に行くと「やっぱりビーちゃんじゃないからやだ」って言うんですよ。
小泉	えー！　ビーちゃんが良かったんだ。
吉本	ビーちゃんが良かった。それであるときペットショップで出会った猫のことを、千恵ちゃんに「ちょっとこの猫どうかなっていう猫がいるんだけど、買って帰ったら怒ると思う？」って聞いてみたら「いや、でかしたって言うと思うぞ」って（笑）。いや、でかしたとは言わないと思うと思ったんだけど。「よし！」って買って帰ったら、もうラブラブで。
小泉	ああ、良かったね。そう、私もずっと猫飼ってたじゃない。それで、死んじゃって、しばらく飼えなかったの。逆に寂しくて、新しい子が。
吉本	やっぱり。
小泉	「やっぱビーちゃんがいい」じゃないけど「小雨ちゃんがいい」って思ってた。だけど2年くらい前に、保護猫ちゃんを飼い始めていて、それで雑誌にその猫のことを書いたら、ばななさんがすぐに連絡くれて。「来たね！」って。
吉本	そう、どんなことが起きても、あんまり内面的なことは連絡しないのに。「猫いるんだね！」って。
小泉	「新しい子が来たんだね、良かった！」って言って（笑）。ね。めったにそんな連絡しないけど、そのときくれて嬉しかった。元気にしてます、うちの猫。

吉本　良かった。やっぱり猫と暮らしてほしいです。本当に。

自分と向き合う時間を大事にする

小泉　さっきね、ばななさんのダイアリーをいただいちゃったんです。これ毎年出してるんですか？

吉本　去年からです。地味に前向きになれることが書いてある。ありますよね、たまに。叱られてるんじゃないかみたいな手帳。なんか前向きすぎて逆に怒られてるみたいな。「今日何をしましょう」とか書いてある。そうならないように心がけてつくりました（笑）。こんな時代だしと思って。

小泉　やたら前向きっていう感じではないけど、忙しく生きてたりとか、仕事だとか社会だとかの渦の中で回っちゃってると、止まるのがめんどくさくてなかなか止まれないんだけど。こういうの見ると「ああそうだ」ってなる感じはありました。

吉本　そうなってほしいんで嬉しいです。たまにどん底バージョンっていうのもつくってみようかと思うんだけど……。売れないと思う（笑）。売れない上に、そもそも印刷もしてくれないか。

小泉　あはは！　売れないなあ、どん底は売れないだろうな。

吉本ばなな
『BANANA DIARY 2021-2022
　力をくれるもの』

吉本	でもすごく悲しいときなら、逆に「読んで良かった！」みたいになるかしら。
小泉	そうだね。メンタルがすごく強い人とか、泣くことで解消できる人っているじゃない。そういう人にはいいかもね。
吉本	そう、泣いたり落ち込んでみると逆に落ち着くとか。
小泉	それもそうなのかも。さっき言った「渦」のぐるぐるの中にいたら、それも忘れてたりするから。
吉本	泣くとか落ち込むとか、寝込んじゃうとか。そういうのもね、結構大事だと思うんですけど。
小泉	わかる。私、ちょっと心の調子悪いなと思ったら、3日、4日誰にも会わない（笑）。誰からの連絡も無視する、みたいなのをやっちゃうタイプなんですけど。1回、いちばん下まで行って、誰とも喋らないから、3日くらいお風呂入ってないとかもあって。それで3日後くらいに「そろそろお風呂に入ろうかなあ。ちょっとずつ取り戻そう」みたいな。人のことをすごく気にしてしまう人って、そういうのもなかなかできないのかなと思って。
吉本	私も骨折して、リハビリで歩かなきゃいけないから、誰もいないときにひとりで歩こうと思って、人が少ない時間帯に杖ついて一生懸命練習してたんです。そしたらやっぱり日ごろのつき合いがあるから、その何百メートルで25人くらいの人に会っちゃって（笑）。「あら、どうしたの」とか、みんなに言われて。こうなんです、ああなんですって言って、ハキハキしてるうちに「違う。こんなことがしたいんじゃなかった、もっと歩くことだけに向き合いたかったのに……」と思って。まあいいことですけどね、近所づき合いがあるのは。
小泉	まあ、そうだけど25人となると結構な（笑）。なかなか前に

進めない人数ですよね。

吉本　本当に多かったんですよね、その日はまたとくに。だから「今日はちょっと勇気出して、あそこまで歩いてみよう」とか思って、思うようにはならなかったけど、やっぱり旅に出たときと同じ効果は出ますよね。なんて言うんだろう、自分だけと引きこもる。

小泉　私BTS好きなんですけど、「Fly to My Room」っていう曲があって、その歌詞がまさにそれで。「こういう世の中でなかなか外に出れないから、自分の部屋から始めてみようか、旅を」って言って「自分の部屋にいながらも、どこにでも行けるよ」みたいな歌詞で。アルバムの中でいちばん好きな曲だったんだけど。心に自由っていうか、誰とも話さないとかひとりでいたいみたいなことも、自分で許してあげるようなことが増えるといいなって思って。「こうしなくちゃいけない」みたいなのがちょっとずつこれから変わっていくのだろうなと思って。コロナでこんなふうに全世界が同じ経験をして、そこから何を受け取ればいいのか。なんかのメッセ

ージだとしたら、なんのメッセージかなってひとりで考えて
みると、やっぱり変わるチャンスなんじゃないかってすごく
思ってるんだけど。ひとつひとつ好きなものを選び直したり
だとか、自分ってこんな人間だったとか、そういうことをひ
とりひとりがちょっとずつ思い出して、何かそれが大きな意
識になって世の中ちょっと変わったらいいなみたいな感覚
で見てたんだけど。このダイアリーのメッセージたちもきっ
とそんな気がするんですよね。

いい時代が来ている!

吉本　でも、もう若い人は変わり始めてるんじゃないかなとは少し
　　　前から思ってましたけど。

小泉　今の10代とか20代前半の子たち、おもしろいですよね。

吉本　あと個人的、すごく。生活も。それを「小さい」って言う人も
　　　いるけど、日々楽しめる好きなことが近くにあるのはすばらし
　　　いっていうのと、あと情報はほら、いっぱいあるから。BTSで
　　　も、彼らが仲良くしてる楽しそうな動画とかいっぱいある。
　　　ああいうのをみんな見てて、つくられた姿はもう受けつけない。
　　　ずっとかっこいいとかそういうんじゃなくて、本当の姿を見
　　　る機会が多いから。

小泉　そういう彼らが、パフォーマンスするときはこんなにかっこ
　　　いいんだっていう。人間として求めてるよね、たぶん。

吉本　時代は変わったなと思います。BTSとかビリー・アイリッ
　　　シュとかって、きっと本当に家から出られないような悩んでる
　　　子たちをすごく救ったと思うから、いい時代が来たなって
　　　いうふうに思ってます。

小泉　でもばななさんの小説も、私にとってはそういうものだった

	し、そう思ってる人がたくさんいるんだろうなって思う。
吉本	そうであってほしいなと思う。そうそう、それで私最近、そのYouTubeをやってる……これって言っていいことだよな、本人も出してることだし。堺正章さんと岡田美里さんのお嬢さんの、菊乃ちゃん。kikiさん。
小泉	菊乃さんの方は知らない。妹さんの小春さんは俳優さんやってるから、何度か会って、すごくいい子だったけど。
吉本	そうそう、それで、菊乃さんのYouTubeが本当にすばらしくて。「ああ、これ。これが"これから"だ！」って観てて思って、すごく大好きになったんです。『どんぐり姉妹』っていう私の書いた小説があるんですけど、菊乃さんと小春さんの姉妹の見た目が、その私の頭の中にあった『どんぐり姉妹』にドンピシャリ！　だったんですよ。お姉さんはオリエンタルな美人で妹はかわいいタイプで、全然タイプが違うけど仲がいいっていう話なんですけど。なんかすごく見た目が似てて、「時代が……追いついてきた！」って。その人たちにも了解を得てないのに、勝手なことを言ってますが。でも、私が言いたかったのはこういうことだったんだっていうのは、なんかわかって。ハンサムウーマンというかジェンダーレスというか、そういう人たちがすごい才能を発揮できる時

よしもとばなな
『どんぐり姉妹』

代なんだなと思って。

小泉　本当にそうなんだろうなって思いますよね。今若い人たちが自主的に、考えてもいないのかもしれないけど、常識とか偏見とかをぱーんって乗り越えていってる感じが見ていてすごく頼もしくって、こっちもワクワクする。

吉本　初め私が書いたときにいちばん言われたことは、「こんな男はいない」とか「出てくる女がかわいくない」とか。結構そういう批判が多くて、「君にはまだわかってないんだな」って言われて。そのとき24歳くらいだったけど、結局わからないまま56歳になって（笑）。しかも自分はおじいさんになってしまったころに、若者たちが当時の私の小説の中の人たちのようになってきてるっていう。でも本当によく言われたんですよね。「男はこんんじゃない！」とか「もっとギラギラしてるんだ、男は！」とかって、よく叱られて。「そんなこと言われても……」と思いながら。

小泉　そのとき書いてたのはなんだったんだろう、じゃあ。その、まわりにそういう方がいたっていう……？

吉本　うん。いましたし、自分もべつにとくに「女として売っていこう！」みたいなのもなかったから。でもそのことで、目上の方たちから、女からも男からもめちゃくちゃ怒られて。「でも私の中では、こういう感じが“これから”だと思うんだけど」みたいにずっと思ってきたら、本当になってきたから。良かった！　と思ってます。

小泉　じゃあ、ちょっと予言じゃないけど……ていう所もあったのかな。

吉本　先取りしすぎておじいさんになってしまった（笑）！　なんということだ。もうちょっと早く追いついてくれれば、モテたかもしれないのに。

吉本・小泉　（笑）

ばななさんと下北沢

小泉　幼いころに好きだった本とか漫画とか、いまだに繰り返して読む、みたいなものって、ばななさんありますか？

吉本　たとえばコロナ禍と骨折が重なって。それって人によったらすごく不幸な雰囲気になるけど、私はならなくて。今しかできないことは、なんだろうと思って。小説はいつも書いてるので、いつも通り書くんですけど、その合間に昔自分が好きだった壮大なシリーズ物の漫画を全部読み返そうと思って読み返したんですよ。

小泉　例えば何を？

吉本　たぶんご存じないとは思うの。木原敏江先生の『摩利と新吾』。「『摩利と新吾』ってどうやって終わったんだっけ？」と思って。そしたらじつは、終わった所を知らなかったんですよ。あまりに長きにわたり連載してたから。今 Kindle で大人買いできるから全部読み返して、ものすごく感動しちゃって。あと『クッキングパパ*』も全部読んだ。「あの子たち、何歳なんだろう？　今」と思って（笑）。そしたら、すごくみんな育ってて。

小泉　あはは！　大人になっているんですか？

吉本　うん。就職したりして、子どもたちもね。そういういいことに役立てました、その期間を。

小泉　私はね、やっぱりどうしても『大島弓子選集』を何年かにい

---

*クッキングパパ：1985年から2023年7月現在も週刊漫画雑誌『モーニング』で連載が続いている、うえやまとち作の料理漫画。主人公はサラリーマンで、2児の父親の荒岩一味。

っぺん、こもって全部読む。

吉本　わかります。神ですから。……なんていうか、「母」ですよね。

小泉　そうだと思う。私は子どものころに、大島さんの漫画に出会ってなかったら、ちょっと違う子になってたかもしれないって思うぐらい。

吉本　私もです。

小泉　そうですよね。前にね、『グーグーだって猫である』って映画で大島さんの役をやらせてもらったじゃない？　そのときに大島さんが手塚治虫文化賞を受賞したんですよ。そしたら、編集担当の方から連絡があって「どうしても授賞式に本人は行けないから、代わりに行ってくれ」と言われて。大島さんからの手紙を読んで号泣しちゃって。「やっと恩が返せる！」みたいに。それで、その映画のときの扮装に近い格好をして。

吉本　へえ、すてき！　何、そのすてきな話。いい話すぎる。ありがたい！

小泉　そう、「やっと役に立てた！」と思って。本当に号泣しちゃいました。大島さんから、代わりに小泉さんに受賞してもらえないかと手紙をいただいて、すごく嬉しかった。大島さんは今も猫のエッセイを描いてるじゃないですか、『キャットニップ』。猫好きとしては、ここもまた「神」で。猫を保護したりする活動も本当に頭が下がる。すごいですよね。でも、いまだにそうやって作品で読ませてもらえてるから幸せって思ってます。

吉本　そうですよね。私も吉祥寺を普通の気持ちで歩けません。お会いしたこともないのに「いたらどうしよう」とか思って。だから自分が下北沢歩いてて声かけられたら、絶対優しくするように心がけてます。「私のような気持ちの人がいるか

も！」って。

小泉　いると思う。ね、吉祥寺は楳図かずお先生にも出会うかもしれないし（笑）。

吉本　そうですね。すでに何回も見かけてます（笑）。楳図先生目立つから。

小泉　そう、本当にボーダー着てらっしゃったりして。私も見たことあります。映画の撮影してたら。あ、あと下北沢は柄本明さんですよね。

吉本　私ね、ちゃんとお話ししたことないのに、柄本さんが前から来ると頭下げちゃうんですよ。意味もなく。名乗ってもいないのに。

小泉　向こうは、「ああ」って感じですか？

吉本　「ああ」ってなって、でもお互いにわからないまま去っていく。

小泉　そう、下北沢といえば、柄本明さんと遭遇するっていう。なんか笑っちゃいます。

吉本　「本当にいるんだ」って思いますよね。ふふふ。

小泉　前に下北沢を題材にしたドラマで、柄本さんは本編に関係ないんだけど、下北沢の街を自転車でずっと走ってる柄本さんの映像がエンディングテーマで。それも、つくった人たちセンスいいなって思いましたね。

吉本　本当にそうやって走ってますからね、柄本さんね、普通に。

小泉　「街と作家」みたいなイメージの繋がり、すごく羨ましいです。

吉本　よく私も「本当にいたんだ！」って言われます。

小泉　言われるよね。下北沢といえば、ばななさんって感じしますもんね。下北はもうずっとですよね？

吉本　そうです、まあ、周辺なんですけどね。下北ど真ん中ではないんですけど。周辺に住んでますね、長く。でもずいぶん変わっちゃったから寂しくって。もう大都会になっちゃって。

小泉　そうですね、今ね。まあ、私たちにとって下北はやっぱり演劇とライブハウスと……昔は小さいクラブとかもあったんですけどね。「ZOO」っていうクラブとかあった気がする。本多劇場グループさんがたくさんの芝居小屋を残して、若い演劇人たちに夢と希望をあたえてくださってるから助かりますけど。私はね、下北沢とかああいう、わりと人がたくさん歩いてる街に住んだことがなくて。まあ、ちょっと職業柄もあったのかもしれない。

吉本　そうですよ！　考えてみたらそうです。あんまりひとりでウロウロしないでください（笑）。

小泉　ひとりでウロウロしちゃうから、ちょっと駅から離れた場所ばっかりに住んでたんですよ。だから下北とか行くと、歩くの下手だったりします。たくさん人が歩いている所を歩くのが上手な人っているじゃないですか。するするするって抜けていける人。最初は慣れてなかったからすごく下手で、友だちとの距離がどんどん広がって。最近上手になりました。

吉本　Omiちゃんのお店から出たときに、ひとりで「じゃあね」って真っ暗な道を帰っていこうとしたから、「ええ⁉　送っていきましょうか？」って言ったら「大丈夫、大丈夫！」って。なんてことでしょう！　って思いましたけどね。

小泉　そう、いつもみんなすごく心配してくれて。

吉本　心配です。

小泉　「えっ、ひとりでタクシー乗るの？」「ひとりで帰るの？」とか「えっ、コンビニ行くんですか？」「電車乗るの？」とか言われると、「え、なんで？　だって普通じゃない？」って思うんだけど。その人の気持ちを、どんな心配なんだろうって思って、頭の中で置き換えて。「松田聖子さんだったら心配だよね……あ、そういうことを言ってるのか、みんな！」みたいな。

| 吉本 | そういうことですよ！ |
| 吉本・小泉 | （笑） |

作家としての覚悟

小泉　自分は10代のころから、できる限り普通の経験をしたいと思って無謀にやってて。10代のときに原宿もプラプラ歩いてみたりしてたんだけど、やっぱり声をかけられて。でもそこで「ちょっとごめんなさい」って言うのもなんか卑怯な気がしたの。それで、「もしそういうふうに言うのがいやなんだったら、やめるか受け入れるしかないから」って自分に言って「よし、受け入れよう」って。そんなふうに思ってやってるけど。

吉本　さすがだ……。すごいですね。私たまに電車で泣かれると、もう……逃げ出したくなりますよ。「いやはやはや」とか「元気出して」とか言ってみたり。

小泉　そっか。でも「吉本さんに会えた！」っていうことででしょ？

吉本　「あのときこういうことがあって、ああいうことがあって……うおー（泣）」みたいになっちゃうとまわり中が聞いてるから、「ああいうことやこういうことって言わない方がいいよ」って（笑）。

小泉　ふふ！　でもやっぱりそれだけ、その人にとってはね。ばななさんに会えて、伝えたくなっちゃったんだろうね、きっとね。

吉本　うーん。なんかその気持ちもわかるだけに、たまに本当に困っちゃいます。

小泉　そうですよね。そう、なんか、泣いてくださる方がいるんですよね。私とかにも。

吉本　いや、わかりますよ。泣いちゃいますよ。人を元気づける仕

事って、どうしてもそういう側面があるから。

小泉　きっとそうやっていろんな人の気持ちだとか思いだとかも、受け入れなくちゃいけないようなご職業だと思うし、本当にひとつひとつ言葉を選んで、その言葉に責任を取っていくようなお仕事だと思うけど。20代のときに作家としてデビューしてから、ばななさんなりの覚悟の瞬間ってあったんですか？

吉本　もう初めに出たときから覚悟はありました。世の中に出たときにインタビューで「訳されたときのことを考えて、特定の人・特定の時間・特定の場所みたいなその時代の特定の風俗を、そんなに入れないようにはしています」って言ったら、「訳されるとでも思ってるんですか!?　プフッ！」みたいに、インタビュアーに笑われたことがあって（笑）。それで「え!?　そんな覚悟ではやってないよ」と思って。実際訳されたから良かったんですけど、最初はそういう感じでした。「ちゃんちゃらおかしい」みたいな。

海を越えても分かち合える気持ち

小泉　そうなんだ。でも、今はもう、何か国で？

吉本　37（2021年当時）だったかな。訳されても自分では読めないから、本当に訳されてるのかよくわからないけど。ヘブライ語とか「本当に？」って思います。タイトルさえも読めない。だから、Google翻訳で見て「合ってた！」って。

小泉　でも、すごいですね。やっぱり、そういう文学とか文化とか、芸術とかって本当に、海を越えていくじゃないけど。「日本人が感じること」と思っていても、じつはいろんな国の人がおんなじことを思っているって、出てみるとわかりますよね。

吉本　そうですね、もうリアルに届いてきます。読者の感想は。韓国のネットで、読者からのいろいろな質問とか思うこととかに答えるっていう仕事を何回かしたんだけど、もう悩みがすばらしくて。あの国の人は、自分の心を表現することに本当に長けてるなという印象があって、すごく覚えています。日本の人はもうちょっと内気だから。

小泉　たしかに昔、相米監督*と釜山国際映画祭に行って、上映後いろんな方から質問を受けたときに、相米さんがたじたじになるほどはっきりとした質問が多くて。やっぱり国のいろんな歴史の中で勝ち取ってきた国民の権利じゃないけど、そういうものの強さっていうか。大きいものと闘ったときの成功体験なのかわからないけど、そういう強さっていうのを私も感じたし、今もやっぱり感じる。

吉本　だからあんなに世界中の人を惹きつけるのかなと思います。韓国の芸能界も。

小泉　ドラマも映画も音楽も、海を越えていって。もちろん国策としてすごく文化に援助があったと思うけど、その結果が今、2020年、21年でバシッと出て、『パラサイト』がアカデミー賞に、BTSがグラミー賞に出て、みたいな。もう見ていてスカッとします。

吉本　そうですね。そう、その仕事は韓国で人気が出始めてたころだったから、あんまりよく読者のこと知らなくて。行ってみて、その質問の見事なことといったら、もう。素人が書いた文章じゃないって思うような。それぞれ切実な悩みで、例

---

*相米監督：映画監督の相米慎二。主な作品に『セーラー服と機関銃』『台風クラブ』など。コイズミさん主演の映画『風花』は、2000年釜山国際映画祭の正式招待作品。相米監督の遺作となった。

えば「整形した方がいいか、しないほうがいいか」とか「まわり中、みんな恋愛のことばっかり考えてるけど、私は全然恋愛したくないです」とか、若者たちそれぞれの素直な心が上手に書いてあって。そういうことがすごくためになりますね。ずっと日本にいて訳されなくて、日本で書き続けてたら、わからなかったことだと思う。

小泉　私は、黒沢清監督の『トウキョウソナタ』っていう、日本の典型的な家庭じゃないけど、お父さんが強くて奥さんや息子たちはちょっと萎縮しながら家族をやっているというお話の作品でカンヌ国際映画祭に行ったときに、各国のプレスの方がいたんだけど「アメリカもおんなじなんだよね」って言われて。アメリカってもっとなんか「ハーイ、ハニー」って妻を大事にしてみたいな感じだけど、「保守的な考えのもと、パパが強い家庭もすごくいっぱいある」って。「これはもう全世界の問題なんだ」って言われたときに、意外だったけど「たしかに」と思って。だからさっきばななさんが、最初の作品から翻訳されることを意識してたって言ってたけど、きっとそうなんだろうと思いました。自分が勝手に壁をつくっていたりとか、違うって思ったりすることが「じつはね」っていう気がしますよね。

吉本　しますね。だから、その志でやってきて良かったなと思う。国は違っていても結局考えることは同じだ、人間だし。そのことを実感できたのは、すごく良かったです。

小泉　実際我々も、例えばフランスの映画だとかあらゆる国の映画を観て、感動したり泣いたり、なんか懐かしかったり……ていう思いも感じてるんだから、きっとそうなんだろうけど。自分で勝手に「自分の世界はここまで」っていうふうにしちゃうこともあるかもしれないですね。

吉本	そう、韓国の人だったら、きっとみんな激アツにちがいないとかね。勝手に思ってるけど、繊細すぎて困ってる人もいっぱいいますもんね。
小泉	辛いもの苦手な人も、いっぱいいるみたいだしね。たくさんの国に行かれたと思うけど、他に印象に残っている国とかありますか?
吉本	やっぱりイタリア。「イタリア行きたーい」と思ってます、いつも。
小泉	イタリアでも結構、たくさん訳されてるんでしょ?
吉本	うん。いちばん多いかもしれない。イタリアで電車に乗ってると「Banana、Banana」ってよく言われます、遠くから(笑)。「バレてる」と思う。私がイタリアに住んでると思ってる人さえいたみたい。それくらい普通に存在してる。
小泉	すごく嬉しいですね、私も。私が好きなばななさんの小説をいろんな国の人が読んでくれて、イタリアに住んでる「Banana」だと思われているのが、すごくすてきだな。
吉本	一昨年に行ったときに、いつものように大勢のイタリア人の前でスピーチしていて、ふと「待てよ、20年前の人たちじゃないんだ! ということはあのころの人たちの娘とか息子なんだ」と思って、「こんな長い間この国に!」ってすごくびっくりして。私から見たら、だいたい学生、20代ぐらいの人たちが大勢いたんだけど、「考えてみたら20年前の人たち、もうここにいない!」と思って。
小泉	だから、きっとその一時のブームとかじゃなくて、もうスタンダードな作家として、イタリアで「吉本ばなな」が存在するってことだもんね。すごい。
吉本	そうみたい。でも田舎に行くと、おじさんがサイン会に並んでて、「読んでくださったんですか?」って聞くと「いや、日

本人初めて見たから来てみた」とか言って。「え……」と思うこともあります（笑）。

小泉　イタリアは、ごはんもおいしいですしね、気候もいいですしね。

吉本　電車の中で出てくるパンとかもおいしいぐらいだから。

小泉　あと、人も楽しいですよね。

吉本　そうなんです。あとやっぱり家族の絆が強い。家族の問題が多そう。そこがたぶん特別イタリアで多く読まれている理由でしょうね。若者が今、行きたい方向のことを自分が書いてるのかもしれませんね。性別にあまりとらわれなくて。「もう少し、こうなってもいいんじゃない？」って思ってるようなことかもしれないですね。

小泉　そうなると、予言ではないんだろうけど、ばななさんの書いてることの早さっていうのか。それが今、いろんな所に届いて、その世界に近づいてきてるっていうのは、すごく感じますね。

いろんなことがあっての人生だから

吉本　そうですよね。早すぎて、本体はおじいさんに（笑）。もっと早く追いついて！　そういえば私昔から、SFの映画とか観てて、みんなぴたっとしたの着てるじゃないですか、シルクっぽい未知の素材で、ぴたってしてるやつ。あれは絶対ないなと思ってて、それこそ菊乃さんとかビリー・アイリッシュとかみたいな。「もうちょっと男か女かわからなくて、ちょっとゆるい服じゃない!?」と思ってたんですよ。やっぱりたぶんそうなんだろうなって、今確信を持ち始めてきてて。

小泉　あの全身スーツみたいな。

吉本　そう。「ああなるはずないだろ！」と昔から思ってたんですよね。体を通すとぴたっとなるみたいな服。だから、エアカーとあ

れはないなと思ってたんですよ。だってエアカーぶつかる
じゃないですか、絶対。あんなはずないよってSFを観て思
ってたんだけど。

小泉　なんとなく、ゆるい感じなのかもね。たしかに。

吉本　たぶんそうなっていくんじゃないかなと思ってます。服もな
んとなくジェンダーレスで、何かあるときだけきゅっとした
服着て、ヒールとか履いて……でもなくなってくんじゃな
い？　だってヒールとかやっぱり長い間歩けないから。あと
逃げられないとか、じつは闇の意味がありますよね。

小泉　ほんとに。私40代とかすっごく頑張ってハイヒール履いて
たんですよ。もう人生で最後だろうなと思ってたから、ミニ
スカートはいたりハイヒール履いたりして、すごくビシッと
頑張ってたんだけど、もう50過ぎてから一切履いてない。
履いたら怪我すると思って（笑）。よくあれで朝まで遊んで
たなって。次の日に、足、痙攣したりとかしてたんですね。

吉本　わかります。あれは長く履くものじゃない。

小泉　そう、ただきれいだから、様式美として残っている。それこ
そ本当に、「これだ」っていうときに。

吉本　パーティのときだけとか、レストランの中だけとか。

小泉　この間のグラミー賞を見ても、まあ、もちろんドレス着てる
人たちもいたけど、ビリー・アイリッシュのアプローチがや
っぱりいちばんしっくり来るなと思って。GUCCIのお洋服
着てたけど、ユニセックスなセットアップみたいなね。

吉本　そうですね。あの恐ろしい柄on柄の。

小泉　柄on柄で、マスクまで柄でね。かわいかった。

吉本　そう、たぶん時代はそうなっていくんじゃないかなって思っ
てて、未来はやっぱぴったり系じゃないなって。そんな気が
しませんか？

小泉	しますします。
吉本	ドラァグクイーンの人たちが、普段はおじさんじゃないですか。たぶんあれと同じで、何かってときにめちゃくちゃやるけど、普段は一切、男か女かわからないし、体の線も見えないみたいな未来が待ってるかなって。今の若い人々を見ていると。
小泉	そうね。よく街で若い子のカップルを見るけど、男の子も女の子もデニムパンツで同じ Tシャツ着てて、男の子も髪が長くて、どっちが女の子でどっちが男の子とか全然関係なくて「かわいい！」って思うよね。
吉本	そう、で、一緒のお店に行って同じ所で服買ったりしてて、そういう方がいいなって。
小泉	普通にいろんなものをシェアするっていうのが主流になるんじゃないかなと思って。男も女も全く関係なく、みんながお洋服とかをシェアできるようになっていくと、すごく楽しいなと私も最近思ってたとこで、そうなりそう！　そうやっていろんな壁が取り払われていく。人種もそうだし、性別もそうだし、そういう世界が見たいなって思ってます。
吉本	良い方に変わっていくのを見るのはすごく楽しいから、だから今たしかにあまりいい状況じゃないけれども、若い人たちの時代に関して良くなっていくんじゃないかなって信じてます。
小泉	本当にもうちょっと、もうちょっとでね、いろいろ……。明るい太陽が出てくると。
吉本	そうですね。若い人かわいそうだし。人生ってほっといても、必ず何か起きるじゃないですか病気とか、家族が死ぬとか。商売やってたらうまくいかないときはあるし。だから何かあると思ってた方がいいよって。それは、若い人も若くない人に対しても思います。

小泉　　　そうね、それぞれの人生、それぞれいろんなことを乗り越えて生きているから。もちろん、コロナ禍みたいなどうにもならないこともいっぱいあるけど、でも、みんなが経験すること。

吉本　　　いろいろあるのが人生だから。

小泉　　　人生の中では経験することだと、捉える気持ちもたしかに大事かもしれないですね。誰かが悪いとか、誰かのせいとかいうことではなく、自分の人生としてどう捉えるかっていう、そういう気持ちも必要かも。

吉本　　　そういうふうに思ってます。コロナみたいに大きいことはなかなかないから、ものすごくダメージを受けちゃうのはわかるけれども、やっぱり人生はいろんなことがあってこその、人生だから。「こうじゃなきゃやだ！」っていうふうにカチカチに思ってたらすごく大変になっちゃう。

小泉　　　「こうでなくてはならない、こうするはずだった」みたいな、それはもうすでに過去じゃない。そのことを考えていても全部しょうがないから、今とか明日とか見ながら。チャンスだと思って「このことがあったからこっちに進めたんだ！」みたいな明日が来ると信じて。

吉本　　　そうですね。そうなっていくと思います。ホ

ホントのヨシモトさんに一歩踏み込む
一問一答

今まで行ったことのある、
いちばん遠い所はどこですか?

アルゼンチンです。行くだけでヘトヘトに!

「これだけは必ず持っていく!」
という旅のお供はありますか?

プロポリスのタブレットです。思わぬ寒
さで風邪引きそうでも復活します。

好きな海外の食べ物は
なんですか?

今は猛烈に台湾の臭豆腐が食べたいです。

旅先のアクティビティで
好きなのは?

ダラダラと散歩して、買い食いすること
です。

ベタですが、死ぬまでに
一度は行ってみたい所は?

パタゴニアです。遠い上に寒そうで行け
てません。

あなたが「WANDERING」を
感じる作品はなんですか?

「働かないふたり」まんがです。日常を旅
する人たちが出てきます。

好きな移動手段と、
その理由を教えてください

レンタカーです。なんとなく自由だから。

1日の中で好きな時間と、
その理由を教えてください

夜が来るあたりです。急に暗くなる感じ
がなんとなくドキドキワクワクします。

普段の持ち物は多い方？
少ない方？

多いです。傘や水筒やモバイルバッテリ
ーまで持ってるし。

またしてもベタですが……無人島に
なにか1冊持っていくなら？

カスタネダ「未知の次元」かなあ。

今まで何度引っ越したことが
ありますか。印象的だった街は？

10回くらいでしょうか。
目白が心に残っています。便利だし楽し
かったです。

時間旅行ができるなら、どの時代に
行って何をしたいですか？

過去に行って、ぐずぐずしてた時期の自
分にアドバイスします。もう少し勉強し
たり、旅をしたり、バイトしたりしろと。

The "Kitchen" collection around the world

世界の『キッチン』を めぐる旅

吉本ばななさんのデビュー作『キッチン』が出版されてから、30年以上。海を越え、今では38か国で翻訳版が刊行されています。そんな世界の『キッチン』をめぐる旅にでかけましょう。

日本の『キッチン』

単行本

福武書店／1988年

1988年に福武書店から刊行された『キッチン』は、91年に文庫化。98年には角川文庫、2002には新潮文庫として刊行されて、13年には幻冬舎から電子書籍版も刊行された。また、1989年には森田芳光監督、1997年にはイム・ホー監督によって映画化。2021年には同時収録の短編小説『ムーンライト・シャドウ』がエドモンド・ヨウ監督によって映画化された。

文庫本

福武文庫／1991年

角川文庫／1998年

新潮文庫／2002年

世界の『キッチン』勢揃い！

中東／アジア ⇒

イスラエル　インドネシア　インドネシア　韓国　韓国

タイ　タイ　タイ　台湾　台湾　中国

中国　中国　中国　中国　中国（香港）　トルコ

ベトナム　ヨーロッパ ⇒　アルメニア　イギリス　イギリス　イギリス

イギリス　イタリア　イタリア　イタリア　イタリア　オランダ

38か国で翻訳されている『キッチン』は、表紙もバリエーション豊か。
これまでに出版された、さまざまな国の『キッチン』を集めました。じつは、
ここにある以外にも、まだまだ出版されています。

オランダ	ギリシャ	クロアチア	スイス／ドイツ	スイス／ドイツ	スウェーデン

スペイン	スペイン	スペイン（ガリシア語）	スペイン	チェコ	ノルウェー

ハンガリー	ハンガリー	フィンランド	フランス	フランス	フランス

フランス	ポーランド	ポルトガル	リトアニア	リトアニア	ルーマニア

ロシア	ロシア	ロシア		アメリカ	ブラジル
			北米／南米 ⇒		

ばななさんと世界の『キッチン』をめぐる

最近翻訳された国は？

最新がオランダ版で、2022年に出ました。もうすぐ出るのが、ジョージア版です。最初の国はイタリアで、1991年。

とくに気に入っている装丁はありますか？

イタリア版の装丁で、画家のカロリーナ・ラケル・アンティッチさんが5冊ほどシリーズで描いていた時期があり、統一感があって好きでした。日本で個展もやってたんだけど、すごく良かった！

翻訳者から質問が来ることはありますか？

あります。例えばヨーロッパだと「友だちと会ったね」のように書いてあったときに、その友だちが男性か女性かによって、動詞が変わるじゃないですか。私の文体は、わりと会話文が多くて主語を抜くので、よく聞かれますね。

イタリアの読者の印象は？

読んでいる人たちの真剣味が、日本以上ですね。本当に自分のことのように読んでいて、ありがたいというか不思議というか。一般的なイタリア人は「人生に本がない」というくらい本を読まないんですけど、書店はたくさんあります。それは、「読む人はすごく読む」からなんですね。本と、音楽と、他の文化が全部一緒になった建物が、イタリアにはいっぱいあるんです。

台湾の読者の印象は？

台湾の読者は、女性も男性も、年配の方も、みなさんかわいらしい感じです。講演や朗読会に来る人たちが、全体的にほんわかしていて、いいんですよね。

⬛ ……翻訳版が出版された国

吉本ばななさんにインタビューし、『キッチン』の翻訳版にまつわるあれ
これについて、興味深いお話をたくさん聞かせてもらいました。

出版されたときに行った国は？

出版された国は、大体行っていると思います。クロアチア、チェコ、ポーランド、ポルト
ガルは行っていないですね。リトアニアは、向こうからたくさんの人が取材に来てくれ
ました。インドネシアは、出版された時期がコロナ禍だったので行けなくて、メッセー
ジを送りました。

イベントなどでハプニングが起こったことは？

ハプニングはとくにないのですが、竹島問題があったころに、ちょうど韓国でトーク
ショーがあって、女の子とか若い男の子とかカップルしかいない会場に、おじさんが
ひとりで来ていたんです。「もしかしたら、その問題を抗議しにやってきたのでは」と、
会場全体が緊張していたんですけど、実際は病院に入院している娘さんから「吉本さ
んの本だけを読んでいるから、吉本さんにそれを伝えてほしい」と頼まれて来ていた
お父さんだったっていうことがありましたね。

海外のミュージシャンにも愛読者が多いですよね？

1993年にアメリカ版が出ましたが、Weezerのリヴァース・クオモさんやBECKさん、
ジョン・スペンサーさんが読んでくださっていました。アメリカのオルタナティブ・ロ
ックのミュージシャンたちに受け入れられたのは、個人的に本当に嬉しかったです。

刊行前に装丁は確認できるのですか？

『キッチン』のときは、確認させてもらえなかったですね。海外の場合はセンスも違う
し、そのときどきで流行りも違うので、ある程度お任せするのがいいと思っています。
近年の作品については、事前に見せてほしいと、一応許可を求めています。

今と昔で読まれ方の変化はありますか？

前は「日本の文学を初めて読みました」みたいな人が結構多かったけど、今はもう、全
く国籍は関係ない感じがします。日本的なことを期待して読むのではなくて、自分たち
の国の作家を読むのと同じ感覚で手に取って読む、そういう時代になってきたなと思
います。最近各国で、「おばあちゃんの本棚にあって、読んだらすごくおもしろかった」
っていう子どもたちが出てきていて「3代にわたった！」と。4代ぐらいまでは頑張りた
い気持ちがあります。

Chapter

2

2021.10.11

BOOKSHOP
TRAVELLER

和氣正幸

和氣正幸（わき まさゆき）
全国の書店や本好きの個人が、ひとつ
のボックスの中に独自目線でセレクトし
た本を集めた本屋のアンテナショップ、
『BOOKSHOP TRAVELLER』の管理人。
2010年から日本全国の小さな本屋さん
巡りを始め、ブログで紹介し始める。著
書に『日本の小さな本屋さん』など。

東京・下北沢。商店街を通り抜け、細い路地を入ったビルの3階にあるのが「BOOKSHOP TRAVELLER」。店内には小さなボックスに分かれた本棚がいっぱい。じつはそのひと箱ひと箱が、本を愛する人たちによる「小さな本屋」なのです。この本屋さんたちを管理するのが、和氣正幸さんです。

本屋を紹介する本屋さん

小泉　今日はですね、下北沢に来てます。駐車場に車を停めようと思ったんですけど、たまたま祝日だったので歩行者の方がたくさんいてなかなか前に進まなかった（笑）。そんな下北沢にある「BOOKSHOP TRAVELLER」さんにおじゃましてます。和氣正幸さんです。

和氣　はい。よろしくお願いします。

小泉　ここのオーナーっていうの？　主宰？

和氣　まあ、本屋のオーナーですね。管理人って言ってます。

小泉　あ、管理人はぴったりですね。ここは、本屋さんであるけれども、ちょっと変わったコンセプトというか。本屋さんのアンテナショップ？

和氣　ですね。いろんな本に関わる人たちを広義の「本屋」ということで、普通に本を売る人だけじゃなくて、ただの本好きから作家さんとか出版社さんまで含めて、本に関わる人全てがひと箱分の棚を借りて。いろんな人の本屋を楽しむことができるっていう。

小泉　なるほど。このお部屋も左右の壁にボックスというか、ひとつひとつ区切りがあって、そこに例えば「みどりのほんや」とか、いろんな本屋さんの名前が。

和氣 　そう、「朔北社（さくほくしゃ）」さんとか「BREWBOOKS（ブリュー　ブックス）」さんとか。今挙げたのは出版社さんと実店舗の本屋さんですけど、「みどりのほんや」さんなんかは無店舗でやっていらっしゃる方で。

小泉 　ああ、なるほど。そもそもなぜこういったコンセプトのお店をつくろうと思ったんでしょう？

和氣 　そもそもの話をしだすとですね。ここは、下北沢の北沢ビルの３階にあるんですけれども、１階に「バロンデッセ」というカフェがありまして。下北沢に来るたびにそこでコーヒーを飲んでいて、オーナーの方と知り合ったんです。その方が２店目を出すときに、本に関するお店にしたいという考えがあって、僕がもともと本とか本屋に関する活動をしていたことをご存じだったので「やってみない？」と。それで２店目のカフェに併設された本屋をやりだしたのが初めで、

ひと箱ひと箱にお店の名前やコンセプト、おすすめ本のポップなどが貼ってあり、にぎやかな店内。

それが7～8年前かな。「BOOKSHOP TRAVELLER」という名前になったのは2018年なんです。本屋を拡張することになって。本屋を応援する活動をしている自分が普通の本屋をやってもちょっと不自然なので、「本屋を紹介する本屋」にしたらどういうお店になるのかと考えたら、こうなりました。

小泉　そういう発想だったんですね。今、私の前に『日本の小さな本屋さん』『続 日本の小さな本屋さん』、あと『東京 わざわざ行きたい街の本屋さん』と、和氣さんの著書があるんですけど。こういう本で、小さな本屋さんを取材していたんですね。それは結構前からですか?

和氣　2010年から。もともと本屋になりたかったんですよ。全然違う、メーカーの総務とか経理とかをしていたんですけれども。

小泉　ああ、そうなの?　へえ。

和氣　独立したいという気持ちが強くて、「じゃあ何になりたいか。本屋だ」「でも本屋のことを全く知らない。じゃあ調べよう」それで「どういうことをやりたいか。やっぱり小さい本屋さんだよね」「でも小さい本屋さんに声をかける勇気がない! とりあえず棚のこととかBGMのこととかを書こう!」と。それで本屋さんに行って、ブログに記事を上げたのが初めですね。

小泉　ブログで始めたんですね。この本たち、写真もすごくきれいですし、本当にわかりやすく見やすく編集されていて。

和氣　この『日本の小さな本屋さん』のシリーズは、チームがすごく良くて。写真家の砺波周平＊さんと大体男ふたりで、日本

＊砺波周平：写真家。写真家の細川剛氏に師事。日々の暮らしの中の美しい瞬間を写し取る。『暮しの手帖』第5世紀より扉写真を毎号担当。現在は東京と長野、山梨に拠点を持ちながら活動中。

中まわって。本屋行って、取材して、本の話聞いて、本買って、おすすめのお店を教えてもらって、飲んで、翌日また取材して……みたいなことをやった結果なんですけど。

小泉　おお。いい旅ですねえ。

和氣　めちゃくちゃ楽しかったですね。

小泉　だって好きなものが、たくさん詰まってますもんね。

和氣　もう、帰り道の鞄の重さがすごいことになって。

小泉　ああ、そっか。ふふ。本も買っちゃって。

和氣　そうなんです。旅の最中は砺波さんの車に乗せていただいているので、その間はいいんですけど。別れたあとに「どうしよう、これ。家まで大変！」みたいな。

全国にある不思議で魅力的な本屋さん

小泉　私たちのこの番組も、和氣さんのコンセプトにちょっと近いといいますか。本当にここ10年、おもしろい本屋さんや独立系本屋さんがすごく増えていて、そこにはお店ごとにきちんとしたコンセプトを感じる。だから本を売る「書店」という役割だけでなく、彼らが何を提供したいのかっていうのを、それは作家さんとかも含めなんですけど、この番組で伝えられたらなっていうので始めて。じつは……ちょっとお世話になっているんですよね（笑）。アイデアのネタ元に。こちらの『東京 わざわざ行きたい街の本屋さん』とかね。

和氣　聞きました。ありがとうございます。光栄でございます（笑）。

小泉　日本全国をまわった『日本の小さな本屋さん』の取材の中で、「忘れられない」とか……もう全部でしょうけど。とくに「ここ、本当におもしろかったよ」とか。

和氣　まあ、いくつもあるんですけど……広島・尾道に「本と音楽

左／和氣正幸
『日本の小さな本屋さん』
中／和氣正幸
『東京 わざわざ行きたい
街の本屋さん』
右／和氣正幸
『続 日本の小さな本屋さん』

紙片」というお店があるんです。

小泉　へえ、「紙片」さん。

和氣　『日本の小さな本屋さん』の方に載っているお店です。「あなごのねどこ」という名前のゲストハウスがあるんですが、うなぎの寝床みたいな奥に長い所で。半分外、半分中みたいな廊下があって。その受付をさらに通り抜けて、奥のどんつきにある本屋さんなんですね。

小泉　へえ！

和氣　もう、そこにまず行けない。「辿り着くまでが大変！」みたいな所にあって。洗濯機とかもあるわけですよ、なぜか。で、それを通り抜けていくと、サーカスみたいというか。

小泉　これ、ね。カーテンというか、幕というか。

和氣　本がきれいに見えるように、音がきれいに聞こえるようにというコンセプトで、つくられている所で。

小泉　そう、ね、この写真を見る限り、照明もムードのある、裸電球がいくつかおしゃれにぶら下がっていて。ちょっと日本じゃない、ヨーロッパとかどこかの国の、なんか……秘密の部屋みたいな感じで。

和氣　あ、まさにそうで。いちばん初めのコンセプトが『風の谷のナウシカ』の「姫様の秘密の小部屋」。あの「腐海の植物も

きれいな水と空気で育てれば毒は出ないの！」って言う、姫様が泣いている部屋だったらしくて。

小泉　なるほど。

和氣　そこからどんどん窓を埋めたり、新しく自分でいろいろつくったり、奥の壁に詩を書いたりとかで今は変わってきてるらしいんですけど。

小泉　壁の展示もちょっとおしゃれですよね。

和氣　そうなんです。ここはしかもオリジナルのコンピレーションアルバムもつくっていたりして。

小泉　ふうん。音楽を？

和氣　「紙片」という、名前の通りの音楽をつくっていて。センスがすごすぎるというか。

小泉　ちょっとハードルが高い感じもいいですね。「ビーサンじゃない、ちゃんと靴を履いて行こう」みたいな。

和氣　なんかこう、尾道の空気の中でそれに触れられるっていうのが、すごくいいんだろうなと思っていて。尾道って、すごくやわらかい空気があるじゃないですか。

小泉　そっかそっか。

和氣　旅でそこにいると、そういうちょっと特別な場所に行っても許される、って言い方はおかしいかもしれないけど……。

小泉　まだ古い建物だとか古い文化がそのまま残ってたりする街の感じでしょ。映画館も古い建物がありますもんね。へえ。尾道に行ったらちょっと覗いてみたくなりましたね、今。この、長い廊下を歩くときのワクワク感とオドオド感が想像できました（笑）。そこを歩いてるときの温度だとか湿度だとか、そういうのを感じてみたくなりましたね。

和氣　「紙片」さんは昼やってるんですけど、そのすぐ近くに、平日は深夜にしかやっていない「弐拾dB」っていう古本屋さ

	んがあって、そこもまたすごくいいので。
小泉	へえ、深夜にしかやらない古本屋さん、良さそう。
和氣	もっとディープで、昼の「紙片」、夜の「弐拾dB」という。
小泉	なんかもう、「ふたつとも存在しないかもしれない」みたいなさ。
和氣	物語の中っぽいんですよ。
小泉	昼に「紙片」さんをやってる人が、夜は変身して「弐拾dB」の人になっているとか。ははは！　なんかファンタジーになっちゃいました、想像が。
和氣	もうファンタジーを思いつきたくなっちゃうほどの場所ですよね。
小泉	「紙片」さんのお話に絞っていただいたけど、この本を見ていると……あ、「Cat's Meow Books」さんも載ってますね。
和氣	載ってます。安村（正也）さんね。
小泉	安村さん、おもしろい方ですね。にゃんこ店員の方々も。
和氣	この本の中だと「Readin' Writin'」さん。浅草の方の「田原町」っていう駅からすぐなんですけど。ここの店主の方が『新聞記者、本屋になる』っていう本を光文社さんから出しまして。
小泉	へえ、「Readin' Writin'」さん。
和氣	元新聞記者で、かなりご年配の方なんですが。今なんでその話をしたかというとですね、この本の中に、小泉今日子さんが出てるんですよ。
小泉	あら、そうなんですか！
和氣	書店は女性のお客さんの方が多いというのを開店の準備段階で調べているときに知って「小泉今日子さんみたいな方が来られる店にしたいな」と。
小泉	ええ！　やだあ（笑）。
和氣	そう本に書かれていて、これはちょっと、今回言うしかないなと（笑）。

小泉	本当ですか。じゃあ今度ちょっと行ってみないとね。でも新聞記者さんだったのに……やっぱり夢だったんですかね。立派な本屋さんですよね、和氣さんの本を見ると。おしゃれだし。
和氣	詳しくは、行ってから聞いていただきたいんですけど……、
小泉	そうですね。
和氣	とりあえず夢ではなかったそうですよ。
小泉	あはは！　ないんだ。女性なんですか？
和氣	男性の記者さんで、論説委員までされてましたね。
小泉	え！　どういう記事を書いてた人なんですか。
和氣	スポーツ関係だったらしいですよ。
小泉	へえ、意外！　文化面とかじゃないんですね。
和氣	ないんですよ。
小泉	またちょっと候補に入れたいですね。ありがとうございます。ネタの提供までしていただき（笑）。そして『東京 わざわざ行きたい街の本屋さん』。こちらの本は東京の本屋さんをひとつにまとめたもの？

和氣	はい。130店ですね。
小泉	下町から何からって感じで、とてもいいガイドブックですね。
和氣	すごく大変でした、これは。ほぼ全部行ったので。
小泉	どれくらいの期間で取材して出版まで?
和氣	初めての本で、書くのも取材もいろいろ手探りだったので、1年くらいかかったのかな。
小泉	下北沢だと、「本屋B&B」さんと、あと「VILLAGE/VANGUARD（ヴィレッジヴァンガード）」もちゃんと出すんですね。
和氣	ヴィレヴァンの話も楽しかったですね。
小泉	下北に来るとつい寄っちゃうんです。おもしろいですよね。
和氣	あそこのヴィレヴァンは特別というか。
小泉	あそこもちょっとさ、なんか「迷い込んだ感」ありますよね。めちゃくちゃ「曲がって、曲がって、曲がって」みたいな感じで。
和氣	つきあたりに行くと、古いビルの中に出るじゃないですか。
小泉	そうそう。廊下みたいな感じでしょ?
和氣	「ここはもうヴィレヴァンじゃないの?」みたいな。
小泉	だけど、ぽろっと1個ワゴンみたいなのがあって、「あ、ここもヴィレヴァンっていう解釈でいいんだ」みたいな感じになったりする。
和氣	そう。「どっちなんだろうか?」みたいな（笑）。

本に囲まれて、広がった世界

小泉	もともと子どものころから本が好きだったんですか?
和氣	あんまり好きっていう自覚は……。どっちかっていうと、漫画を読んでいたんですね。5歳上の兄がいるので、兄が読んでいたようなもの、『孔雀王』とか『3×3 EYES（サザンアイズ）』とか。
小泉	ふうん?

和氣	「三只眼」（さんじゃん）っていう、昔世界を支配していた三つ目の一族が
	いて、もう滅んでいるんですけど。人間の男の子が、その一
	族の生き残りの女の子を人間に戻す旅を一緒にしていくん
	です。
小泉	へえ、なんか三つ目の男の子の漫画、昔ありましたよね？
和氣	『三つ目がとおる』？
小泉	『三つ目がとおる』。でも女の子なんだ。
和氣	そう女の子で。男の子が、契約をさせられて不死者になる
	んですね。死ねなくなる呪いというか。この子が三つ目の女
	の子の一族の謎を解きながら、ふたりで頑張って人間にな
	っていくっていう壮大なお話でございます。
小泉	すっごい読みたくなっちゃった。おもしろそう。探そう。
和氣	ちょっと前の漫画です。
小泉	そういうのを。漫画といってもわりと深めというか。
和氣	そういうものから、『幽☆遊☆白書』とか『ドラゴンボール』
	とかも読みつつ、その合間に読書感想文用の本を読んだり
	もしながら……って感じで。だから「本好きですか？」って
	聞かれると、いつも「なんかすみません……ちょっと、イメ
	ージと違うんです」って（笑）。
小泉	でもどうして本屋さんをやりたいなって思い始めたの？

左／高田裕三
『3×3 EYES』全40巻
右／前野ウルド浩太郎
『バッタを倒しにアフリカへ』

何かきっかけとかあったんですか。

和氣　大学時代に新古書店でアルバイトをしていたんです。もともと本に囲まれていることが好きだなという気持ちが漠然とあって。古本屋さんは、とにかくいろんな本が持ち込まれるんですけど、そういうのを見て「自分の知らない本がこんなにたくさんあるんだ。こんな職業の人がいるんだ」って「すごく世界が広がるのがいいな」って思ったんです。最近だと、バッタの研究者とかキリン研究者が書いた本があるんですよ。

小泉　へえ、バッタの本。

和氣　『バッタを倒しにアフリカへ』ですね。作者は、前野ウルド浩太郎さん。この人、バッタ大好きなんですけど、バッタアレルギーなんですよ。

小泉　あはは！　しかもこの表紙の写真も、ちょっとふざけてていいですね。おもしろい！

和氣　「好きを仕事に」ということそのものだと思うんですけど、「そういう仕事があるんだな」って知って。自分は何をしようか考えたときに、好きなことでないとあまり動けないタイプなので「じゃあ本。本屋かな」となったと。

小泉　そうなんですね。今は本を出すときに、文章も書かれてるんですよね？

和氣　そうですね。本屋に関することの文章はよく書きますね。

印象が変わったキュリー夫人

小泉　今お持ちの本は影響を受けた本とか、好きな本ですか？

和氣　はい。「人生に影響をあたえた1冊」みたいなお題があったので。今までは本屋に関する本を挙げてきたんですが、人生に影響をあたえた1冊って言われて、ちょっと肩肘を張りまして

（笑）。何かなって考えたときに『ロビンソン・クルーソー』が。もう、家になかったので今日新しく買ってきたんですけど。

小泉　すみません。ふふふ。

和氣　いやいや。最近読めてなかったので、また読もうと思ったんです。デフォー作、海保眞夫さん訳ですね。岩波少年文庫の。

小泉　これは……私、読んだかなあ。子どものころ読んだ気もするけど、もっと薄い本だったような。そんなことないですか？

和氣　たぶんこれくらいは厚かったんじゃないですかね。でも、読みやすくなっているので、短く感じた印象が僕にもあります。

小泉　どんなお話なんでしたっけ。冒険するんですよね？　冒険じゃないか（笑）。漂流？

和氣　僕もうろ覚えなんですけど、ロビンソン・クルーソーが船でどこかへ行く途中で難破して、無人島に辿り着いて……。

小泉　難破。今違う方の「ナンパ」に聞こえて「ん？」って（笑）。

和氣　あははは！　「難しく破」る方ですね。で、そこでなんとか生き残って帰ってくるっていう話ですね。

小泉　ああ、なるほど。これはいくつくらいのときに？

和氣　小学3〜4年生だったと思いますけどね。当時、何回も読み返しているはずです。

小泉　男の子に人気のある本でしたよね。女の子はたぶんキュリ

ダニエル・デフォー
『ロビンソン・クルーソー』

一夫人とか。そういう伝記を読んでた気がするな、私たちのころは。ヘレン・ケラーとか。今はまた違うんだろうけど。

和氣 　キュリー夫人がどんな人か、最近知ったんですけど、すごい人。すごいというか、体が丈夫な人ですね。たしか放射線の研究をするにあたって、研究資材をつくるのがめちゃくちゃ大変で、すごく体力が必要だから、キュリー夫人がやった方がいいってなって夫がフォローにまわってるんですよね。

小泉 　そうだったんですね。私は、子ども向けの要約された薄い本で読んだ気がするから、そこまで知らなかった。

和氣 　サイエンスヒストリーの本を読んだときに出てきて。「すごい人だ」っていうイメージはあったんですけど、思ったよりも、力技ですごい人だったんだなって。「おお、キュリー夫人すげえ！」ってなりました。

小泉 　大人になって、もうちょっと知ろうと思って読み返してみると、全然印象が違ったりしますよね。上澄みしか捉えられなかったり、そのときに持ってる自分の許容範囲でしか捉えられなかったりしたことが、変わってくるっていうことはあります。

『人間失格』の香り、『モモ』の香り

小泉 　今日、お店に入ってきたときに、若いお客さんがたくさんいて、通路の所ですれ違うのが大変だったぐらいなんですけど。本屋さんのボックス、プラス、ギャラリー的な絵の展示もありますね。これは常時やられてるんですか？

和氣 　店が7部屋あって、手前の3部屋がギャラリーで先程お話ししたバロンデッセのギャラリーになっていまして、奥の4

部屋が本屋になっています。その3部屋で1週間とか2週間単位で結構やっています。

小泉　今いる部屋はわりと絵本が多くて、となりのお部屋には雑貨みたいなのも置いてありましたね。

和氣　となりは「アートと雑貨と ZINE の部屋」という名前で、本と、本に関するものであればなんでも置いていいってことにしています。なので、アーティストさんのポストカードや、アートと本を繋ぐ活動をしている「本屋しゃん」という方がやっている「ZINE」と呼ばれる個人出版物とか、アートグッズもあります。あと「アロマ書房」さんっていう、神奈川・鎌倉に拠点があるアロマセラピストさんが文学作品を読んでそれに……、

小泉　あ、匂いを？

後日、店内でアロマ書房の「読むアロマ」コーナーを発見。『モモ』『人間失格』の他に『それから』『星の王子さま』『西の魔女が死んだ』など、香りが気になるアロマスプレーが並んでいる。

和氣	そう、匂いをつける。アロマブレンド。
小泉	オリジナルのブレンドオイルを。
和氣	そうなんです。アロマスプレーをつくって、それで今度セット販売を考えていて。
小泉	おもしろそうですね。
和氣	棚のメンバーに選書してもらって、それにアロマスプレーをつけて売るみたいなことができたらいいかなと。「『人間失格』ブレンド」とか。
小泉	おお！　どんな匂いなんだろう。
和氣	あと「『モモ』ブレンド」とか。
小泉	うわあ。その2冊は奇しくも私が影響を受けた2冊であります。
和氣	そういえば太宰治がお好きって書かれてましたね。
小泉	そうですね。『人間失格』もそうだし『モモ』もすごく好きです。

時間や健康との上手なつき合い方

和氣	『モモ』は最近読んだばかりなんですけど、自分がすごく灰色の男に追い回されてるなと反省しておりますね。
小泉	あはは、そうだよね！　本当にそうなんですよ。私、20代のころにアイドルだったんですけれど。
和氣	はい。存じ上げておりますよ。ははは！
小泉	とても忙しいときに読んで、意識を変えられたんですよ。灰色の男たちに追われてた自分が、「勝たなきゃ……」と。
和氣	一緒と言うとおこがましいんですけど、店で忙しいときに、連れ合いに読めって言われて読みまして。
小泉	さすが、連れ合い（笑）。
和氣	もう本当に、完全に時間泥棒にやられているなと思いました。
小泉	本当ですよね。それで「時間」について、もう一度自分でい

ミヒャエル・エンデ
『モモ』

ろいろ考えることができて。例えば「30分多く寝るか、30分好きなことをしてから寝るか」とか。30分起きてて本を読んだり、観たいテレビを観てから寝たときと、そのまますぐに寝たときで、次の朝、自分がどう感じるかを試して、「30分短くても、楽しかった方が元気だな」ってなったりとか。

和氣　僕は結構お酒が好きなんですけど、コロナ禍もあってなかなか人と会って飲めないし。

小泉　そうですね。「前の習慣はもう通用しない」ってことは私も感じています。

和氣　人と会って飲むのが好きなので、ひとりでは飲まないんですよ。

小泉　わかる。私も。

和氣　ひとりで飲むと、健康を害すことばかりが起こっちゃって。

小泉　起こるよね。

和氣　がまんしてたんですけど。最近あえてちょっと身内で飲んでみたら、結構2日目に残るタイプなんですが、全然。スッキリしていて。健康ばっかりでもだめなんだなと。

小泉　そうそう、健康ってそう。ただたくさん寝るとか、体にいいものを食べるということにとらわれていることも、不健康だったりするからね。

和氣　そういうことだなって思いましたね、本当に。

小泉	ちょっとお酒を飲んだらぐっすり眠れたとか。たまたま親しい友だちに会えて、お酒をたくさん飲んじゃったけど、不思議や不思議「次の日全然残ってない！」とかね、あるじゃない？
和氣	一昨日、中秋の名月だったじゃないですか。気持ち良かったので、近所の人のいない所を、お酒飲みながら連れ合いと歩いて。そしたら、すごく寝付きが良かったんですよ！
小泉	ねえ。月のパワーもあるかもしれないし。
和氣	で昨日は、何もしないで寝ようとしたら全然眠れなくて。
小泉	うんうん。本当にそうなんですよね。食べ物も、ずっと体にいいっていわれる物ばかり食べるのもいいんだけど、たまーに食べるジャンクフードとか。めっちゃおいしいじゃないですか。
和氣	めっちゃおいしいですねえ。
小泉	その「おいしい」も、「健康にいい」って思おうって（笑）。
和氣	たまに食べるカップヌードルとか。
小泉	そうよ、私も「どうしても今日は、そうなんだよ！」っていう……辛ラーメン＊的なものとかね（笑）。
和氣	ああ！　辛ラーメンじゃないと埋められない、ココロのスキマってありますよね。
小泉	そう、あるの。あるのよ。だから、コロナ禍でいろいろ変わったけど、それはロストだけじゃなくて、もっと発見もいっぱいあった感じですよね。
和氣	ですね。散歩するとかね。すごくいいなと思います。
小泉	そんな中で、やっぱり本に注目っていうか。ふたたび「本で

＊辛ラーメン：韓国の食品メーカー「農心」の看板商品。340億食を全世界で売り上げ、約100カ国の国々に輸出を展開。世界中で愛されているインスタントラーメン。一度食べたらその辛さがクセになる。

も買ってみようかな」って思う人が増えてる感じがしますしね。

和氣　そうですね。お客さんは多い気がします。

小泉　そうだよね。「もう配信のドラマも全部観尽くしちゃった！」みたいな瞬間、来ますからね。そうすると「じゃあ本でも読もうかな」みたいにね。

ブックショップトラベルのススメ

小泉　こういうコンセプトでやられてると、お客さんもそうですけど、書店どうしとか出版社どうしの交流にもなったりしませんか？

和氣　それが今の課題です。コロナ禍前の2018年から月1で集まって、定例会をやってたんです。そのときは固定メンバーもいるんですけど、必ず新しい人が来て、その本屋さんと「会えましたね」って交流することがあったんですけど、今は定例会とか固定で集まるのはやらないようにしてるので、ちょっと寂しいですね。

小泉　全国の独立系の本屋さんとかが、見えない手を繋いで連帯して、「本っていう文化を残していく力になる」みたいなことが起こってるといいなって思ってるんですけど。

和氣　はい。

小泉　その中で和氣さんの活動は、すごく大きな役割な気がしました。

和氣　光栄でございます。

小泉　私は仕事で地方に行くことも多いので、この本を持って、1個1個、スタンプラリーのように。

和氣　ぜひ。やっていただけるととても嬉しいです。ここの店名は「BOOKSHOP TRAVELLER」っていうんですけど、本屋さんに本の話を聞いたり、本を買うときに、地域のおいしい

お店とかおすすめの場所を聞く。これを「ブックショップト
ラベル」と名づけて、どんどん広めていきたいなと思ってい
ます。本屋さんに聞けば間違いないです。本を買えばお客
さんなので、邪険にされることもないです。

小泉　私たちの番組は東京近郊にしかまだ行けていないので、地
方にお住まいの方は、ぜひ和氣さんの本でご近所の本屋さ
んを見つけてもらえるとワクワクすると思います。

和氣　意外と知らない方が多いんですよ。

小泉　そう。ここだって、知らなかったら見つけられないですもん。

和氣　「初めて来ました」って方が、まだまだいっぱいいます。

小泉　そうですよね。私もいろんな本屋さんを巡っていますけど、
いつも「見つからない！　どこ、どこ」って。「Cat's Meow
Books」さんとか。

和氣　そうですね。あそこはわからないですよね。あとそれこそ
「SNOW SHOVELING」さんとか。

小泉　「SNOW SHOVELING」さんは、入る勇気が……。ひとりだ
ったら、「なんか……やめとこう」みたいな。

和氣　駐車場の奥にあるってのは、どういうことかって言いたい、
本当に。

小泉　本当に。でも知ってしまえば、そこが魅力でもあったりして。
だけど、扉が開かなかったら、たぶん５分以上「どうしよう」
って思う気がする。たまたま誰かが出てきて、中が見えたら
スッて入れるけど。

和氣　迷います。間違いなく迷います。

小泉　ね。だから、和氣さんが編んでくださったこの本で、ご近所
だったりしたら、それこそトラベルしてほしいですね。

和氣　ぜひトラベルしてください！ ホ

ホントのワキさんに一歩踏み込む
一問一答

今まで行ったことのある、
いちばん遠い所はどこですか？

大学の卒業旅行で行ったグァム島

「これだけは必ず持っていく！」
という旅のお供はありますか？

特になし。あえて言うなら文庫本？

好きな海外の食べ物は
なんですか？

台湾の屋台で食べた牛肉麺

旅先のアクティビティで
好きなのは？

本屋めぐりと本屋に聞いた美味しいお
店めぐり、コーヒーショップめぐり

ベタですが、死ぬまでに
一度は行ってみたい所は？

宇宙

あなたが「WANDERING」を
感じる作品はなんですか？

最近聴き直した blacksheep『∞ -メビ
ウス-』です。まるで勇者が旅をして成長
していくような、ドラマチックな旅を感
じます。

好きな移動手段と、
その理由を教えてください

自転車。風と街が感じられるから。本屋
旅行の際はレンタサイクルで駆け回りま
す。

1日の中で好きな時間と、
その理由を教えてください

9時〜11時。店に行く前、一番のんびり
できる時間です。

普段の持ち物は多い方？
少ない方？

多いですね。体温調節が苦手なので常
に持ち歩けるジャケットなど入れていま
す。それと本。

またしてもベタですが……無人島に
なにか1冊持っていくなら？

ベタですが『ロビンソン・クルーソー』

今まで何度引っ越したことが
ありますか。印象的だった街は？

3回。大阪の高槻市に3年いました。ず
っと東京だったので、衝撃は受けました。

時間旅行ができるなら、どの時代に
行って何をしたいですか？

未来。宇宙を旅するのが一般的な時代
で宇宙旅行をしてみたいです。

「BOOKSHOP TRAVELLER」

"BOOKSHOP TRAVELLER," a worth visiting bookstore in Soshigaya-Okura

わざわざ行きたい 祖師ヶ谷大蔵の 「BOOKSHOP TRAVELLER」

コイズミさんとの対談時、下北沢にあった「BOOKSHOP TRAVELLER」は、2023年4月に祖師ヶ谷大蔵にお引っ越し。これまで各地の本屋さんを巡ってきた和氣さんですが、今回は店主として新店舗を紹介してもらいました。

ようこそ、
祖師ヶ谷大蔵へ！

SHOP DATA

BOOKSHOP TRAVELLER
住所：〒157-0072 東京都世田谷区祖師谷1丁目9-14
営業日：月・木～日曜12:00-19:00　休業日：火・水曜
WEB：https://traveller.bookshop-lover.com

下北沢のお店が空っぽに！

2023年3月5日（日）　下北沢店、閉店。

自分で店を始めたいと活動を始め、気づけば執筆仕事が多くなり本屋を諦めかけていた自分がまさかお店を開くことができるとは。人生、何が起こるか分からないものです。ここでの数え切れない出会いと経験はかけがいのないものでした。ありがとう！　シモキタ！（和氣）

新しいお店ができるまで

text & photo 和氣正幸

1. 以前のお店の名残
元はクリーニング店。足元の傾斜と天井をどうするかなど悩みます。

2. 天井掃除 & ヤスリがけ & 塗装
結局天井は剥がし、クリア塗料を塗ります。上を向いての作業は危険なので慎重に。

3. 壁の漆喰塗り
「漆喰うま〜くヌレール」を壁に塗ります。皆でやるので楽しさを第一に。

4. 壁の本棚設置
工事会社にお願いして壁に取り付け。棚が入るとぐっとお店っぽくなります。

5. 床塗装
床にワトコオイルのダークウォールナットを塗ります。そのあとは乾拭き。

6. いざ引っ越し!
256箱の本棚と約3千冊の本をみんなでお引っ越し。

7. 1階の本棚に本が並んだ
ひと箱店主の本と自分の本
を仮置きしてから棚づくり。
本屋らしい作業。

8. 2階の整理
ギャラリー＋本屋の2階も整理します。最
後の調整が一番大事。

9. 看板完成
本屋の灯りがつきました。

2023年4月13日（木）　祖師ヶ谷大蔵店、NEW OPEN！

新しい BOOKSHOP TRAVELLER に
コイズミさんがやってきた!

新しいBOOKSHOP TRAVELLERは、
「何か」が始まりそうな雰囲気!

1.より明るく、本が見やすくなった店内。和氣さん曰く、下北沢の
ときより客層の幅も広がったとか。2.以前「ホントのコイズミさん」
で登場した『ジュリアンはマーメイド』の原書を発見!

3.4.対談でも話題になった、『モモ』の香りのアロマスプレーを試すコイズミさん。 5.一般開放はしていませんが、お店には広いベランダも。ときどき猫が顔を出すそう。 6.2階のギャラリーでは、ちょうど原画展が開催中。 7.2階にはZINEがつくれるZINEラボも。「冬場はこたつ置いたらいいと思うんですよ」（和氣）、「最高だね！」（コイズミ）

「ホントのコイズミさん」のひと箱を設置!

「コイズミ書店」セレクト一覧
（左から）『大邱の夜、ソウルの夜』『昭和レコード超画文報1000枚〜ジャケット愛でて濃いネタ読んで〜』『とりつくしま』『夜が明ける』『ホスト万葉集 文庫スペシャル』『人間失格』『変愛小説集』『ピエタ』『あのこは貴族』『コルシア書店の仲間たち』『民主主義とは何か』

番組内でこれまでに登場したたくさんの本の中から、20冊をセレクト。
「ホントのコイズミさん」のひと箱ができました。

ポップも書きました！

『女の子だから、男の子だからをなくす本』『カステラ』『フィフティ・ピープル』『新しい韓国の文学21 死の自叙伝』『百年の孤独』『ジュリアンはマーメイド』『雨、あめ』『みどりのゆび』『クローディアの秘密』

Chapter 3

2022.04.11 / 04.18

佐藤 健寿

Kenji Sato

佐藤健寿（さとう けんじ）
写真家。世界各地の「奇妙なもの」を対
象に世界120か国以上を巡り、民族から
宇宙開発まで幅広いテーマで撮影。代表
作『奇界遺産』シリーズは、写真集とし
て異例のベストセラーに。2021年には、
コロナ禍をきっかけに過去20年に撮影
した膨大な数の写真全てに目を通し、1
冊にまとめた写真集『世界』を発表。

今回のゲストは、世界を巡り、巨大な像や宇宙基地、廃墟など、各地で遭遇する「奇妙なもの」を撮影している写真家の佐藤健寿さん。これまでの旅や佐藤さんのルーツについて振り返ります。20年間、120か国以上の奇界を見てきた佐藤さんが、改めて思う「奇妙」とは？

始まりは「エリア51」

小泉　　今日は写真家の方をお迎えします。奇妙で不思議な風景や風習を紹介する「奇界遺産」を写す佐藤健寿さん。初めまして。

佐藤　　初めまして。

小泉　　「"奇"界遺産」って、造語ですよね？

佐藤　　そうですね。僕の造語です。

小泉　　それをまとめた写真集がこれですか？　黒くて、分厚くて、重たいすてきな本です。

佐藤　　そうですね、2.5kgぐらい（笑）。これは去年の末に出した『世界』という本で。もともと『奇界遺産』というシリーズを10年以上前から出してまして、今3冊出てるんです。例えば中国の洞窟の中で暮らしている村とか、ヨーロッパのちょっと変わった村とか、そういう特定の場所、場所にスポット単位で訪れたものをまとめた、図鑑のような本なんですけども。

小泉　　うんうん。

佐藤　　そういう撮影のときって目的地で過ごす時間は全体の10％ぐらいで、残りの時間は大体どこかの街に滞在してたり、車や飛行機や船、馬で移動してたりするんですけど。その間も当然写真を撮っていて。この20年ぐらいずっといろんな

所を旅していたのが、コロナ禍になって自分の旅ができな
くなったので、過去の写真を見返していたら旅の集大成的
な本をつくりたいと思うようになって。

小泉　なるほどね。じゃあ『奇界遺産』シリーズの中からこぼれ落
ちた、けれども「あった」時間をまとめたっていう感じです
かね。でもこれにもユニークな場面、写真とかもいっぱいあ
りますけどね。

佐藤　そうですね。完全に『奇界遺産』と被らないようにしている
ということではなくて、『奇界遺産』の写真も入れてます。

小泉　なるほど。まず、なぜ写真を撮ろうと、写真家になろうと思
ったんですか?

佐藤　もともと日本で美術大学に通ってまして、僕が行ってた大
学は武蔵野美術大学っていう所で。そこは写真学科がなくて、
映像学科っていうひと括りの中で映画やったりとか、CGや
る人もいるしメディアアート的なことをやる人もいるんで
すけど。僕は大学のときはどっちかっていうと映像系の方
をやっていて。

小泉　へえ。

佐藤　日本の大学を出たあと、アメリカに留学するんですけれども。
アメリカに行くと南米も近かったりするんで、いろいろバッ
クパッカー的なことをやり始めて。その中で「ひとりででき
ること」っていうので、写真に落ち着いた感じです。

小泉　なるほどね。映画だとどんなに小さなプロジェクトでも、か
なりの人数が必要ですもんね。それでひとりで。写真だっ
たらひとりでいろんな所にぱっと行けて、自分のテーマで
世界をつくっていくことができるっていう感じだったんで
すね。

佐藤　僕も学生のときは映像系を手伝ったりとかして。でもやっ

ぱり大人数だし、お金もすごくかかるし。

小泉　映画に関わろうとするとお金を集めたりとか、人を集めるのも結構大変ですもんね。じゃあ、そのアメリカ留学をきっかけに南米とか、わりとアメリカから行きやすい街とかを撮ってるうちに、この「奇界遺産」っていうテーマに巡り合った感じですか？

佐藤　最初から「こういうものを撮ろう」って思ってたわけじゃなくて。アメリカの大学のときは、「自分の興味のあるテーマ」っていう漠然とした課題をあたえられて撮影することが多々あったんです。またあるときには「写真集をつくれ」っていう課題があって、「どこでもいいからアメリカの１州を撮ってこい」っていうもので。「どこ行こう？」って思ったときに……僕が子どものときって、UFOとかああいう不思議なことをテーマにした番組をたくさんやっていて。

小泉　はいはい、ありましたね。

佐藤　その中によく出てきた「エリア51＊」っていう場所、ご存じですか？

小泉　出てきましたね。ふふ。

佐藤　矢追純一＊さんがいて、そこでヘリコプターに追われるとか。よくそういうのがあったんですけど（笑）。

小泉　ありました、ありました（笑）。ナレーターの人の声で出てきました「エリア51」。そこに行ったんですか？

佐藤　そうなんですよ。当時サンフランシスコにいたんですけど、

＊エリア51：アメリカ・ネバダ州の砂漠にあるアメリカ空軍基地。付近ではUFOの目撃情報も多く、ファンやマニアが世界中から訪れる。
＊矢追純一：UFO・超常現象研究家。日本テレビ系番組『木曜スペシャル』など、UFO及び超能力番組のディレクターとして活躍。日本にUFOブームを巻き起こした。

調べてみたらラスベガスから200kmぐらいで「あ、意外と行けるな」と思って。その辺りって西部開拓時代のいわゆるゴールドラッシュがあった所で、金が出てくるとばーっと人が集まって、掘り尽くすともうその街を廃棄してまた次の場所に行くっていうので、捨てられた街みたいな廃墟的な場所がたくさんあるんですよね。そういう所を撮影して本にしてみたら結構、評判が良くて。

小泉　へえ。

佐藤　日本で大学に行ってる間もテーマをいろいろ探してたんですけど、自分の等身大のテーマってなかなかないなと思ってたんです。けど単純に子どものとき気になった場所に行ってみたら、わりとおもしろくて。それで今度はマチュ・ピチュとかナスカの地上絵とかに「ああいう所はどうなってるんだろう？」と、バックパッカー的な旅を兼ねて行ってみて……とかやってるうちに、だんだん写真が溜まっていきました。

小泉　『ムー*』の世界じゃないけど（笑）。私も子どものとき、矢追純一さんとか、もっと前のユリ・ゲラー*とか、UFOとか、あとナスカの地上絵とか。ああいうのがやっぱりミステリーでしたよね。私は結局行ったことはないけど、ちょっと行ってみたいと思ったことは何度もありますもんね。

佐藤　70年代、80年代とか……まあ90年代もそうですけど。っていうのは「世紀末」っていうこともあって。

小泉　そうそうそう。

佐藤　70何年とかって、それこそノンフィクション本の年間ベス

＊ムー：1979年創刊の雑誌。超常現象やオカルト、UFO、古代文明などを扱う。キャッチコピーは「世界の謎と不思議に挑戦するスーパーミステリー・マガジン」。
＊ユリ・ゲラー：イスラエル出身の超能力者を名乗る人物。70年代にスプーン曲げで一世を風靡した。

トセラー1位があの『大予言*』っていう……、

小泉 ああ、あったかも。ノストラダムス*。私、世紀末を迎えるときにもう大人だったけど、本当になくなるかもしれないからって、予言の日に「みんなで家に集まろうよ！」とか言って。ふふふ。で何事もなくって感じで。でも本当に世紀末に向かっていってて、おもしろい話がいっぱい出てきてましたね、たしかにね。

ふたりが見てきた「世界」

小泉 「奇界遺産」っていうテーマでいろいろ撮り始めて、おもしろいエピソードとか忘れられないことっていうのはあるんですか？

佐藤 よく聞かれるんですけど……僕、いちいちメモを取らないようにしていて。記憶のフィルターにかけて残るものだけ残そうっていうタイプなので。

小泉 うんうん。危ない目とかには遭ってない？

佐藤 危ない目で言うと……銃を突きつけられたとかっていうのはなくて、イランの国境で外で立ってトイレをしてたら警察に拘束されたとか。せいぜいその程度ですね。あとはアフリカで呪術師に呪術詐欺に遭いそうになったとか（笑）。

小泉 例えばこの『世界』の写真集だけでも、すごくたくさんの国に行かれてると思うけど。「そこから見たときの日本」みたいなのって、なんか感じたことあります？

---

*大予言：『ノストラダムスの大予言』（著／五島勉）。1973年発行。その後シリーズ化された。
*ノストラダムス：フランスの医師・占星術師。ノストラダムスの書いた詩が、1999年の7月に空から降ってくる恐怖の大王によって世界が滅亡する予言だと解釈された。

佐藤　　コロナ禍になってからの雑誌の撮影の仕事とかは、どうしても海外に行けないので日本を巡ることも増えたんですけど、日本はおもしろいものがたくさんある国だと僕は客観的に思いますね。……今見ている、それは北朝鮮ですね。

小泉　　ああ、こんな色なんだ。思ってるよりかわいい。パステルカラーの建物がたくさん。でもほとんど似たような建物で、おもしろいね。北朝鮮も行ったんですね。

佐藤　　はい。次のそれは、日本ですね。

小泉　　あ、岡山のお祭りですか？　裸の男たちが、ふふ。ひしめき合っている、暑苦しい（笑）。

佐藤　　そうですね。西大寺っていう所で行われる、数千人で1本の木を……、

小泉　　ああ、あのお祭りだ。奪い合うやつですね。すごい。この本は『世界』ってタイトルで、「世界」って言葉には、もちろん大きい枠としての意味があるけど、人それぞれの「小さな世界」とか「自分の世界」とかもあると思うんですね。きっと若い人は自分の世界がまだそんなに大きくないから、その世界の先にもっともっと広い場所があるってわからないまま、小さな世界で傷ついたりとか絶望的な気分になったりとかする人もいるかなって思うんですけど。こんな写真を見てると

佐藤健寿
『世界』

86

どうでもよくなりそうですよね。

佐藤・小泉　（笑）

小泉　「世界、広い！」っていう感じがすごくします。自分が思いもよらない文化があるとか、思いもよらない風習があるとかそういうことを、写真を見ながらね。自分の世界を広くするためにページをめくってほしいなっていう気がしました。

佐藤　まさに今、小泉さんが仰ったことが、ある種コンセプトというか。べつに明確なテーマってこの本にはなくて。これはただ僕が見てきた世界であって。見る人によって大きい世界だと思うかもしれないし、小さいと思うかもしれない。だから僕も20年の旅を振り返って見たときに、「ものすごくいろいろ見てきたな」っていう気持ちと「これしか見てないんだ」っていう気持ちと、なんか両方あるんですよね。

小泉　そうかあ。そんなふうに思うものなのかもしれないなって、今の言葉を聞いて思いました。あと、そのときの自分の状態とか年齢とかによって、きっと受け取るものが全然違ったりするんだろうな、旅って。

佐藤　全くもってそうですね。映画とかもそうかもしれないですけど。

小泉　うん、そうだよね。本もそうだしね。

佐藤　音楽とか本もそうですね。コロナ禍で時間があったんで、とにかく20年の全部の写真を見返してみると、いい写真は当時雑誌とかで使ってるんですけど、使ってない写真が膨大にあって。それを見てみると「案外いい写真撮ってんな」って思うのがあったり（笑）。逆に「なんでこんなの撮ってたんだろう」っていうのも、もちろんありますけど。青臭くて恥ずかしいですけど、そうやって自分で自分を再発見するようなプロセスは結構楽しかったですね。それも写真のおもしろさなのかもしれないです。

小泉	へえ。全部で何枚ぐらいあるんだろうね、20年で。もう何千、何万？
佐藤	そうですね、何万じゃないですね。まあ100万はいかないですけど何十万枚という世界ですかね。
小泉	へえ。でも本当にそうかもしれない。私は若いときにわりとテレビとかにたくさん出るような仕事をしてたから、もう日本中どこに行ってもすぐに「あっ！」て言われちゃう日々を送っていたんです。だからお休みがたくさんできるとぱっと海外に行って、「ただ街を歩く」みたいなのをしたかったんですよね。日本だとなかなか……歩いても見つかっちゃうみたいな感じがして。そのころって私たちの世代だとファッション系の人が一度パリとかロンドンとかニューヨークとかにファッションの勉強をするために住んでることが多かったんだよね。だから行けば友だちがいて、なんとかなるからってそういうとこに行って。ひとりで歩いてスリとかちょっとしたトラブルに遭ったりすると「あ、私の世界はまだまだ全然小さいじゃないか」ってすごくホッとしていて。日本にいると「自分がすごく大きな存在に感じないといけないのかな？」みたいな感覚になるんだけど、海外に行くとただのちっぽけな私になれるっていうので、本当に休みのたびにどっか行ってましたね。
佐藤	スリに遭うとむしろ嬉しいじゃないけど。
小泉	「そんなもんですよ、私みたいな人間は。これが普通なんですよ」っていうのを確認する（笑）。そう、「なんにもできないんだよ、ひとりじゃ」とか「こんなに心細いんだよ」みたいなのが、感覚を調整するためにすごく良かった時期があったんですよね。
佐藤	すごくわかる気がしますね。僕も、イベントとかいろんなと

きに相談を受けることがあって。例えば僕の知り合いのある人が、ちょっと鬱っぽくなっちゃって、電車乗るのも怖いっていうパニック障害に近いような。1年ぐらいずっと調子悪くてどうしたらいいかって。僕はそういう人に「インドに行ってみたらいい」ってよく言うんです。ガンジス川の辺りとか。それは今、小泉さんが仰ってたことと似てるような気もするんです。日本の中にいると、意識が内に内に向かいすぎちゃってる。インドに行くと、ただ歩いてるだけで腕引っ張られたりとか、車に轢かれそうになったりとか、あとスリにも。ひとつの買い物をするにも、ものすごく精神力と体力を使います。だけどそういう外圧が強い場所に行くと、意外と内側のプレッシャーが解放されるんじゃないかと思ってて。

小泉　なんか、そんな気がします。

佐藤　だから僕は、そういう相談を受けると「とりあえず外圧が強い場所に行ってみたらいい、くよくよ悩んでる時間もないから」っていうことをよく言いますね。

小泉　ね。ショック療法じゃないけど、そこに行ってしまうともう平気になっちゃうっていうことがあるんですよね。友だちとアフリカに行ったときも、朝食は外にテーブルがあってバイキングみたいになっていて、それを取りに行くんだけど「なんかちょっと黒っぽい食べ物がある」と思って近づいたら、全部ハエだったりするわけ（笑）。だけどそこにいるとぱーって払って、食べちゃうみたいな。

佐藤　ああ、なりますね。

小泉　シャワーを浴びると土が混じってる茶色い水になるんだけど、「なんか肌の調子良くない？」みたいな気になってきたりする（笑）。日本でそういう状況だったら、絶対うわあってなっちゃうんだけど。トイレとかもさ、整ってない所がいっ

ぱいあるじゃないですか。でもそこに行くとぱって開けるから。たしかに心が疲弊してる人は、本当にちょっと外に出てみるっていうのはいいですよね、きっと。

佐藤　いいと思いますね。

小泉　それでだめだったら戻ってくればいいだけだから。わりと「自分って大したことない」って思えることが大事な気がする。

佐藤　ああ、そうですね。上手く言えないんですけど、この写真集で入れてるのもまさにそういう所で。べつにすごい人が写ってるわけでもないし。自分がいろんな場所にたくさん行ってるからすごいとも思わないし。

小泉　たぶん心が疲れちゃうのって「自分を良く見せよう」とか「自分はこうだと思ってたのに」みたいなことがずれていくことな気がするから、そういうのもばしゃんって壊せたらいいのかもしれない。

変わりゆく世界の中で

小泉　『世界』を見てると、本当に旅をした気分になれます。なんか匂いがする感じがします、私。この家の匂いを一緒に想像しちゃうっていうか、匂ってくる感じがありますね。いろんな場所の匂いが。……じゃあ、「以前のようにわりと自由にどこにでも行けるよ」ってなったら、どこ行きます?

佐藤　撮影したいっていう気持ちは、いろんな場所に対してあるんです。けどそれよりも、20年前に自分が旅を始めたときの、例えばタイの街とかでだらだら過ごすような、そういうことをすごくしたいなって最近思いますね。今は海外に行くとやっぱり撮影モードになってしまうというか、昔ほどのんびりできない自分がいるので。

小泉	うんうん。バックパッカー時代の楽しさ、みたいなね。
佐藤	そうです。目的がなかった旅をもう1回したいような気は、最近すごくしますね。
小泉	目的がない旅にただカメラを持っていた、っていう感じのね。また戻れるのかな（笑）。なかなか難しそうですよね。
佐藤	でも、みんな戻りたいんじゃないかなと思うんですよね。目的があることっていうのは意外と大変、自分を盛り上げないといけないし。目的がないことは人間はわりと本気でやれるというか、ないからこそ楽しめることってあると思うんです。だから撮影はいつも、仕事なんですけど「仕事じゃいけないな」っていう気持ちがあって。常に初心忘るべからず的な。
小泉	なるほどね。コロナ禍の体験って、いろんな人にいろんな時間とか考えることみたいなのをあたえたような気がするけど、立ち止まることができたのはありがたい気もしたんですよね、私も。仕事とか生きることに対して、わかってるけど「ああ、なんかずっと車輪回ってるな」みたいな。「1回止めて、あのタイヤの調子見た方がいいな」って思いながらも、止められなかった感じがして。コロナ禍の最初のころのステイホームで「ああ、やっと止めて確かめることができた」みたいな感覚にはなったんですよね。
佐藤	わかります。僕もなりましたね、それは。
小泉	だから、昔の写真を見返してみるとかね。
佐藤	そうですね、まさに。2021年に『奇界遺産3』っていう3冊目が出たんですけど、『2』との間が7年空いちゃったんですよね。べつに出せなかったわけではなくて、2年後でも3年後でも出せたんですけど。自分も馬車馬のように各地を巡って撮影していて、本にまとめている時間が惜しいという気持ちもあって。同時にこの10年っていうのがスマート

フォンも普及してネットも普及して。今まで全く外界に触れてなかったような少数民族の所へも結構行ってるんですけど、そういう所の人たちも、やっぱりもう普通にスマホでビヨンセを聴いてたりするんですよ。パプアニューギニアの奥地で「発電機使ってスマホでビヨンセ」とか。そういうのを目にするんで。

小泉　へえ、おもしろい。

佐藤　今のこの世界が壊れてしまう前に、とりあえず行けるだけ行かなきゃっていうような気持ちもあって。自分でも「いつ本が出せるんだろう？」って思いながら、そういうことをやってるうちにコロナ禍で急にロックダウンされた感じで。だからまあ、タイミングが良かったっていう言い方は良くないかもしれないですけど、止まるいいきっかけにはなったかもしれないです。

小泉　そっか。それぞれの世界は日々どんどん変化していくから今のうちに撮っとかなきゃっていう気持ちだったんですね。

佐藤　そうですね。それこそ今回ウクライナとかロシアもたくさん入ってますし。去年まで行ってた場所へ全く行けなくなるってことは、もう本当によくあるんで。

小泉　そうですよね。ヨーロッパなんて本当に古くてすてきな建物がわりと残っているじゃないですか。そういうのもかなり様子が変わっちゃったでしょうしね。

佐藤　そうですね。

小泉　ウクライナやなんかもね。あ、私、中野裕之＊さんがいろん

＊中野裕之：1958年、広島県生まれの映像作家、映画監督。映画、ミュージッククリップ、CM、自然映像、ドキュメンタリーなど、見る人を気持ち良くする映像を製作している。

なきれいな日本を撮った『ピース・ニッポン』っていうドキュメンタリー映画のナレーションをやったんですけど、その中で熊本城を上からとか横からとか動画でめちゃくちゃいろんな撮り方をしてたんですね。で、熊本城、地震で壊れちゃったじゃないですか。再建のときに紙の資料はいっぱい残ってたけど、そういう動画の資料がなくて、その映画がとても役に立ったっていう。だからそういうこともあるんだなって思って。

佐藤　ああ、なるほど。そうですね。

小泉　だからそのときに撮れてるものってきっとね、この写真集の中にもありそう。……バオバブの木、かわいい。

佐藤　マダガスカルです。小泉さん、ヨーロッパが好きですか?

小泉　若いころはヨーロッパばかり行ってました。パリとかロンドンはそのファッションとか文化含めて興味があったから。あと友だちが住んでてよく行ったりしてた。あとは友人たちとあてのない旅じゃないけど、「どこどこで会って、そこから車借りてずっと海岸線を車で走って、例えばニースからフィレンツェまで」とか。年上のお姉さんふたりと3人組でよくそういう旅をしたり、知り合いのご夫婦と急に「アフリカに行ってみよう」って、東アフリカで毎日動物を見に行くとかそういうこともよくしてたし。仕事でどこかに行くときも、リゾート地に行くのはつまんないから「どこか行けるんだったらチェコに行ってみたいです」「チェコ人の監督が撮った大好きな映画があって、そういう世界を見てみたいです」って言って。どうせだったら簡単に行けないとこを選んで。まあチェコとかもべつに簡単に行けるけど、一石二鳥が好きっていう感じでそういう所を(笑)。

佐藤　昔って今よりも、仕事で海外に行くことって多かったです

よね。ラジオの仕事で海外に行ってた話を人から聞いたんですけど、昔ってすごく予算があったんだなと思って。

小泉　広告の仕事とか、本当にしょっしゅう行ってましたね。例えば季節がちょうど逆だから、冬にオーストラリアに行って夏の商品の撮影をするとか。あとニューヨークにわざわざ行って撮ったりとかもしょっちゅう。ハワイはもう「当たり前」みたいな感じでした。雑誌の撮影でも、ハワイとかグアムとかは当たり前のように「水着？　じゃあグアムだね」みたいな感じはすごくあったんですよね。ドラマの撮影でも結構行ってたかも。

佐藤　最近はもう雑誌でもなかなかないですよね、海外取材。

小泉　海外公演とかも、昔は日本のアイドルもアジア公演とかをすごくたくさんやってた。私はやったことないんですけど。今もやってるのかしらね。今は海外の人が来ることの方が多いよね、きっとね。

思い出の1冊、『かつて…』

小泉　大学生のとき、映像学科的なとこにいたっておっしゃってたけど、例えば写真家とか映画監督とかで影響を受けた人とか憧れた人とかいらっしゃるんですか。

佐藤　たぶんたくさん影響を受けすぎていて、なかなか難しいんですけど。昔から僕どっちかっていうと、特定のファインアート系の写真家よりも「マグナム*」っていう報道写真。そ

---

*マグナム：マグナム・フォト。1947年に報道写真家ロバート・キャパの発案で、仲間のアンリ・カルティエ＝ブレッソンたちと共にパリに設立された国際的な写真家集団。

れこそいろんな通信社とかに載ってますけど、ああいう、報道なんですけど「画」としてもかっこいいみたいな。

小泉 　ああ、はいはい。そういう写真をTシャツにプリントしてるブランドとか今ありますよね。その報道写真を好きなんですね。

佐藤 　とか、日本人だと野町和嘉＊さん、有名なメッカの写真を撮ってる方とかですね。どっちかっていうと、そういう「ナショナルジオグラフィック系」というんですかね。そっちの方が。

小泉 　映画とかは？

佐藤 　映画も……今日、本を持ってきたんです。大学のとき、もともとヴィム・ヴェンダース＊の映画が結構好きで。

小泉 　おお。ヴィム・ヴェンダース。『ベルリン・天使の詩』とか

佐藤 　そうですね。『パリ、テキサス』とか。

小泉 　『パリ、テキサス』私も大好きです。

佐藤 　そう、本当にあの世界観がすごく好きで……これは僕が好きな本です。

小泉 　そんな本があったんですね。『かつて…』。ああ写真もすてき。

佐藤 　そうなんですよ。これはPARCO出版から、たぶん90年代に出てる本。

小泉 　代官山に「ボンジュールレコード」っていうお店があって、ときどきアート系のTシャツを売ってるんだけど。去年か一昨年ぐらいにヴェンダースのスチール写真とか『パリ、テキサス』のTシャツとかが売ってた時期があって、このワンちゃんもいた気がする。

佐藤 　ああ、本当ですか。PARCO出版ってもともとばんばん本を出すっていうよりも、おもしろい本をたまに出すような。

小泉 　そうですよね。それに、あの「PARCO」と連動してますよね。きっとね、PARCOギャラリーでやってたものが本になったりとかなんじゃないかな。今もそうなのかわかんないけど。

佐藤　1994年なんで、バブルが終わった後に出た本だと思うんですけど。僕はこれが結構昔から好きで。ちょっとご覧になります？

小泉　ありがとうございます。ああ、写真も入ってるけどヴェンダースの……、

佐藤　ひと言エッセイみたいな。文章が大体「かつて、」で始まって、自分がいろいろと行ってきた場所を本当にひと言の感想で。写真のカットも、なんていうかさりげない。

小泉　写真を小さめに使ってる感じもいいですね。これって向こうで出した本を翻訳したものなのか、独自に日本が出したものなのか。

佐藤　これは翻訳ですね。自分の今回出した『世界』は、全然構えとしては違うんですけど、ずっとこのヴェンダースの写真は好きで。映画監督である一方で、ロケハン中に写真を撮ったりするみたいで、『パリ、テキサス』のロケハンとかの写真集もあって、そういうのもすごく好きなんですよね。

小泉　これ、かわいい。ジャームッシュ*が。額装された静物画を最初撮ってたら、そのガラスに映るジャームッシュが入り込んで、絵が1枚のポートレートになったっていうのがあったり。文章もおもしろい。

佐藤　はい。なんかいいですよね、さりげなくて。出版に対する憧

*野町和嘉：1946年、高知県生まれのドキュメンタリー写真家。72年のサハラ砂漠の旅がきっかけとなり、過酷な風土を生き抜く人々の営みに魅せられ、信仰や巡礼をテーマとして地球規模の取材をする。
*ヴィム・ヴェンダース：ドイツの映画監督でロードムービーの旗手。現代ドイツを代表する映画監督である他、写真家としても活動。2023年には東京・渋谷の公共トイレを舞台にした作品が公開予定。
*ジャームッシュ：ジム・ジャームッシュ。アメリカのインディペンデント映画を代表する映画監督。おもな作品に『ストレンジャー・ザン・パラダイス』『ナイト・オン・ザ・プラネット』『コーヒー＆シガレッツ』『パターソン』など。

ヴィム・ヴェンダース
『かつて…』

　　　　　　憧みたいなものがあって。今ってたぶんこういう本ってもう
　　　　　　なかなか出せないんじゃないかなって思うんですよね。

小泉　　　なるほどね。すてきですよね、さりげないもんね。ケースが
　　　　　　ついてる本だけど、それもなんかさりげない、うん。

佐藤　　　そうですね。やりすぎてないし。たぶん当時もこれが例えば
　　　　　　何万部とか売れるっていう時代じゃなかったと思うんです
　　　　　　けど、ただ文化としてこういうものを、おもしろいからつく
　　　　　　ろうって思える……。

小泉　　　そうそう。そういうものが多かったと思いますよね。90年代って。

佐藤　　　そうですよね。

小泉　　　それに自信を持ってたっていうか誇りを持ってたみたいな、
　　　　　　カルチャーに対してそういう構えをつくる側が持ってた時代。
　　　　　　今はちょっとそれをなくしちゃってる感じは見えますよね。
　　　　　　本当に知らなかったです、これ。いい本。ずっと持っていた
　　　　　　い本ですね。

佐藤　　　そうですね。たまにぱらっと見て、いろんな旅を振り返った
　　　　　　ときって、やっぱりこういう言葉が頭の中にあるなと。「かつ
　　　　　　て、自分はチベットでどこどこにいて……」とか。

小泉　　　「かつて、／わたしは、／だいぶ時間が経ったあと、／引き
　　　　　　出しの中に、／定着されずに／忘れられていた／ポラロイド、

／「時の流れ」をモティーフにした／写真の山を見つけた。」（ONCE，1994 宮下誠訳 1994）なんてまさにそうなんじゃないですか。

佐藤　まさにそうですね。すごく贅沢な小泉さんの朗読（笑）。

小泉　ふふ。すごくすてき。佐藤さんは言葉を書いたりはしないの？

佐藤　言葉も書くときは書きますけど、でもやっぱり、あんまり書きたくないというか。『世界』もひと言ぐらい書けばいいって言われたんですけど、書いてしまうとやっぱりどうしてもそっちが強くなっちゃうんで。でも地名ぐらいは書いておかないと、いよいよなんのこっちゃわかんないかなと思ったんで。

小泉　そうだね（笑）。そうね、ヴェンダースは映画の人でしたね。

佐藤　たぶんロケハンだから気負ってない撮影で。

小泉　そう、そうだよね。それを写真家として撮ってるんじゃなくてロケハンで。ロケハンの写真って結構おもしろいですもんね。私もプロデューサー部で行くとき、ロケハン写真をみんなが撮るんだけど、「意外とこの写真良くない？」っていうのが出てきたりしますもんね。

佐藤　音楽でもデモテープがいいみたいな、なんかそれと似てるような。

小泉　ああ、そうなんだよね。絵とかでもきっと、下書きが良くて色塗ったら「あれ？」とかね。

佐藤　そうです。なんですかね、邪念がないのか（笑）。

小泉　邪念がないんだと思うな。へえ。PARCO出版から出たんだ、えっとヴィム・ヴェンダースの『かつて…』。ありがとうございます。『パリ、テキサス』は、何年かにいっぺん観ちゃう映画です、私。

佐藤　そうですね、僕も。

小泉　ナスターシャ・キンスキーすごくすてきだしなあ、あと音楽

もね。いいですよね。

佐藤　ええ。僕あの『ファーゴ』とかアメリカの中西部系の映画に、べつに自分の故郷でもなんでもないんだけど、何年かに1回謎の憧憬を感じるというか。結構みんなそうなのかもしれないですけど。

小泉　中途半端にこう寂しい感じっていうか、なんていうんでしょうね。中途半端さありますよね、あの辺の景色。

佐藤　そうですね、やるせなさというか。

小泉　やるせなさっていうか。すっごい空は広いのに、自分のものにならないみたいな、そんな景色ですよね。

佐藤　『バグダッド・カフェ』とか。

小泉　『バグダッド・カフェ』もね、好きだった。曲も良くないですか、みんな。音楽が。

佐藤　音楽いいですね。

小泉　『バグダッド・カフェ』も、空が広いのに、ブーメランが回ってんのに手に入らない感じが好き。『バグダッド・カフェ』でタトゥー彫師の女の人が住んでるんだよね、モーテルに。だけど途中で出ていくんです。それで「なんで出ていくの?」って聞かれたら「Too much harmony.」って言ったんですよ。なんかそれも好きだったんですよね。ずっと残ってて、私の中に。

佐藤　すごい。僕も何回か観たんですけど全然そこまで覚えてないです。

小泉　たぶん最初に観たときにそれが気になったんだと思うんです。だからずっと覚えてて。調和が取れすぎてるっていうのが、彼女には居心地が悪いみたいな。そこまで映画の中でちゃんと伝えてるの偉いなっていうか好きだなって、たぶん若いときに思ったんだと思うんですよね。ドイツ人のお

ばさんが来て、みんながすごく明るくなって元気になって、「みんなが良くなって良かったね」ってだけじゃなくて、これが心地悪い人もいるよっていうのが描かれてるのがすごく好きだった。ふふ。主題歌の「コーリング・ユー」もずっと、私の音楽リストに入ってます。

佐藤　いいですよねあの曲は、本当に。アメリカのあれっぽい景色になると大体、頭にあれがかかりますね。

小泉　かかるかかる！　絶対かかりますよね。

佐藤・小泉　（笑）

小泉　サントラをそのころ買って、サントラ自体めちゃくちゃ聴いてました。90年代頭ぐらいだよね。あれ、渋谷のシネマライズ＊でたぶんやったんですけど、朝起きて「あ、今日映画を観よう」と思ってひとりで観に行った記憶があるんですけどね。

佐藤　ああ、当時じゃあ、すごく……、

小泉　忙しいころでした。

佐藤　アイドル的な。

小泉　アイドル的なころに（笑）。

佐藤　そんなことをこっそりと。

小泉　そう、結構、途中からは。なんかね、最初のうちは受け取る側も私を知らないし。だから息苦しく思ってたけど、「こういう人間です」っていうキャンペーンをしちゃえば何やっても許されるんじゃないかなって思って、そういうキャンペーンを独自にしていたんですね。歌の活動とは別に（笑）。そしたら、街歩いてても普通に話しかけられるっていう状

＊シネマライズ：東京・渋谷のスペイン坂上にあったミニシアター。ミニシアターブームを牽引した映画館のひとつ。館内の壁の一角に多くの国内外の映画監督のサインが書かれていた。2016年、閉館。

態になったんですよ。わーっとかじゃなくて「あ、どこ行くの?」みたいな。「あ、ちょっと買い物ー」「大丈夫? ひとりで」「うん。大丈夫、大丈夫!」みたいな。キャンペーンをしたらそういう人になれたんで、それからはわりとそんなふうに生きてますね。ふふ。

佐藤 　いろんな葛藤が当然ありますよね、それは。僕4、5年前(2022年当時)からちょこっとテレビに出るようになって。本当に年間5回出るか出ないかですけど、1回行くと密着されて1時間とか画面に出続けるので、印象としてはわりと残るのか結構声をかけられるようになっちゃって。それこそ日本のすごい離島に行っても、そこで声をかけられたりとかして。最初のうちは「ああ、ありがたいな」と思ってたんですけど。やっぱり、だんだんしんどくなっちゃって。

小泉 　なりますよね。

佐藤 　だから僕くらいでこれだと、本当に芸能人の方っていうのは想像を絶するストレスなんだろうなって、よく思いますけど。

小泉 　そう。「いや、でもなんか抜け道がある」っていうふうに思っていろいろやってみたら……アイドルでも二十歳は超えてましたけど、女性アイドルで、出待ちの人にタバコ1カートンもらうの私だけだろっていう感じ(笑)。普通みんなチョコレートとかお花とかもらってるんだけど、「あー今日子ちゃん」とか言って、タバコ。「助かるわー」とか言って(笑)。そんな感じになっていきました。だから新しい関係性をね、つくれればいいかなっていう。

佐藤 　なるほど。

小泉　　　兵庫・西宮で個展「奇界／世界*」が、もう開催中なんですね。

佐藤　　　はい。「奇界遺産」っていうシリーズで撮影してきたものと、一方で「世界」っていう僕が普通に見てきた旅と、もう全部集成して。大阪に国立民族学博物館っていうすごくおもしろい博物館があるんですけれども、そこからいろいろと……例えば、僕が実際にガーナで撮影した飛行機形の棺桶があるんですけど、その実物を貸していただいて一緒に展示して。

小泉　　　あ、一緒に。おもしろそうですね。わりと長い期間やってるから、関西方面の方じゃなくても、ふらっと行けますね。日帰りできるもんね、関東からとかだったら。わあ見てみたい！

佐藤　　　ぜひ、いらしてください。

小泉　　　うん。写真って本当に、写真集もそうなんですけど個展とかも、写真の並べ方で変わるじゃないですか、伝わるものが。そういうのを見るのはすごく楽しいですよね。

佐藤　　　そうですね。だからこそ、すごく悩むんですけど。『世界』をつくるときも並び順にすごく悩んだし、写真展も当然悩みました。不思議なもんで、1枚で見るとべつにそれほど意味を感じないものが、並べた瞬間にすごく意味が立ち上がってくることもありますし。

小泉　　　そうですよね。あときっと、そのサイズ？　写真のプリントのサイズとかでも何かが変わるんだろうなとも思ったりするし。

---

*奇界／世界：「佐藤健寿展　奇界／世界」は、西宮、高知県、山口県は会期終了。2023年7月〜9月には群馬県で開催。

佐藤　　　そうですね。変わりますね。

小泉　　　写真集だとわりと同じサイズで写真を見るけど、プリントの
大きさによっても変わるんだろうしなあ。並べ方ってすごく
大きい気がして。展覧会とか美術館に行ったときに入り込
めるのって、やっぱりストーリーができてるんですよね、写
真に。この間も全国ツアーで富山に行って、泊まって次の日
帰るっていう日程だったから「ああ、21世紀美術館行って
から帰ろう」と思って。フェミニズム的なものをテーマにし
た企画をやってて、いろんな展示があったけど。ある写真
家さんの作品にストーリーを感じて、勝手に自分も物語を
考えたりして、ずっとそこにいたくなっちゃいましたね。

佐藤　　　あそこ、いいですよね。金沢の。

小泉　　　うん。たくさん細かくいろんなブースがあって楽しかった。
六本木の森美術館とかも、仕事で行ったついでに「ちょっと
時間あるから、これ見ちゃおうかな」って行くのはよくするし。
若いころのヨーロッパの旅で、さっき言ってた海岸線を走
ってニースからフィレンツェまで行ったときも「小さな美術
館を巡る」っていう裏テーマがあって。例えばピカソが焼
き物をするためによく滞在していた街で、ピカソの焼き物だ
けの小さな美術館に行ったり、マティスが壁画とかいろいろ
描いた教会に行ったりして、絶対そういう美術に触れてい
くっていう裏テーマ。で、帰ってごはん食べて部屋に戻って、
酔っ払いながらみんなでそれについて話すっていう（笑）。

佐藤　　　いやあ楽しそうですね。

小泉　　　すごく楽しかったです。ある日は、1泊2、3千円の部屋に泊
まって。「なんでこんなに、ここ、安いんだろう？」って思っ
てたら、夜中に貨物列車がすっごく近くを通るホテルだっ
たりとか。そんなことして遊んでましたね。

「奇妙」ってなんだろう？

小泉　奇界遺産を20年ずっと撮り続けていますけど、佐藤さんの中で奇界遺産には何か定義みたいなのがあるんですか。

佐藤　これも正直よく聞かれることではあるんですけど、べつに僕は「何かこうだから奇界遺産です」っていうことは全くなくて。そんなのは本当におこがましいかなと思うんで。

小泉　うんうん。

佐藤　それよりも僕はただもう純粋に見に行って、奇妙だなと思ったら載せるっていうだけの話で。まあ「奇妙」っていうのも、ネガティブな意味ではなくて、ユニークというか。だからジャンルもすごく広くて、海外の変わったテーマパークみたいな場所もありますし、洞窟の中で暮らしてる民族とか、北朝鮮の街並みであるとか、自分の目から見て「これは変わってるな」と思ったものがただ「そう」っていうだけで、はい。

小泉　ふうん。だからですかね。例えば「奇妙なものを追っていこう」ってなったら、よりエスカレートしていく人とかいそうだけど、全然そうじゃなくて静かですよね。

佐藤　あ、そうだと思います。自分も20年こんなことやって、いろんな人に「奇妙、奇妙」言い続けてると、だんだん「奇妙ってなんだろう？」とかって思い始めて。

小泉　（笑）

佐藤　自分の本にも実際、日本のすごく変わったお祭りとかが載ってたりもするんですよ。わかる人には初めからわかってる話だと思うんですけど、「奇妙」っていうのは結局、相対的な話でしかなくて。それこそアフリカの人がもし東京に来たら、とんでもなく奇妙な街だと思うっていう。だから今回の写真展もそうなんですけど、「奇界」と「世界」っていう

のは常にパラレルというか。「"奇妙なもの"っていうのはじつは存在しないんじゃないか」っていうのは、自分の今のテーマで、奇妙に見えるようなものでも、どこかで何かしらで地続きに繋がっていて「ある日、まるで宇宙から降りてきたような文化」っていうのは絶対にないんですよね。

小泉　うんうん。

佐藤　どんなに奇妙に見える文化でも、歴史を辿っていくと何かしらそこには繋がりがあって、そのグラデーションが今見えなくなってるだけで。でも「じつは、我々は繋がっている」とか言いたいわけではないんですけど（笑）。

小泉　ふふ。うん。

佐藤　そういうふうにグラデーションを紐解いていくことが今すごく楽しくて。この写真集でも、例えばあるレストランとか、お葬式みたいな場面とか、そういうものを巡って「全然違う場所なんだけど、なぜか表現が似ているもの」を並べてみたり。ふたつのものは共通性がぼんやり見えることも、あるいは全く違っていることも、その差の大きさでしかなくて。そういうのが今自分が旅してすごく楽しい理由でもあります。

小泉　ふうん。そういうたくさんの場所で、等しく時間が流れているっていうことがなんか奇妙かも、いちばん。ふふふ。

佐藤　ああ、そうですね。本当にそうです。言いたかったこともたぶんそういうことで、この写真集を見てるとロケットが飛んでたりとか、いろんなわけわかんないことがたくさん載ってるんですけど、それが全部じつは同じこの地平線上に存在しているっていう状況が、唯一奇妙なことであって。

小泉　ねえ。

佐藤　誰が奇妙とかどこが奇妙っていうよりも、この世界全体がこれだけ奇妙でおもしろいってことかもしれないですね。ホ

ホントのサトウさんに一歩踏み込む
一問一答

今まで行ったことのある、
いちばん遠い所はどこですか?

物理的には多分、南米最南端のウシュ
アイア。気持ち的には北極のピラミデン。

「これだけは必ず持っていく!」
という旅のお供はありますか?

カメラは当然なので、日本のパックコー
ヒー。先進国はともかく、世界では意外
とコーヒーというと粉のコーヒーしかな
いところが多い。

好きな海外の食べ物は
なんですか?

火鍋。中国ではカジュアルな大衆食でど
こでもあるのに、日本ではなぜか高級食
的位置付けになっているのが悔やまれる。

旅先のアクティビティで
好きなのは?

何もわからない到着1日目か、全てが終
わった最終日に街をぶらつくこと。適当
なカフェに入って一息ついて街を観察
すること。

ベタですが、死ぬまでに
一度は行ってみたい所は?

火星。殺風景な荒野で写真を撮るのが
好きで、その究極的なところとして。

あなたが「WANDERING」を
感じる作品はなんですか?

『WRITTEN IN THE WEST』WIM
VENDERS。ロケハン的な写真集。自分
もロケハンの時の方がいい写真が撮れ
る気がする。

好きな移動手段と、
その理由を教えてください

船。船に乗ると無条件で冒険感が3割
増くらいになります。

1日の中で好きな時間と、
その理由を教えてください

午後3時くらい。まだ何かできそうな、も
う何もできなそうな気がします。

普段の持ち物は多い方？
少ない方？

少ないです。旅の癖か、可能な限り軽く、
少なくします。

またしてもベタですが……無人島に
なにか1冊持っていくなら？

なるべく高精度な世界地図の本。飽きな
いし、地名にはいつも発見がある。

今まで何度引っ越したことが
ありますか。印象的だった街は？

多分、10回くらい。印象に残っているの
はニューヨーク。

時間旅行ができるなら、どの時代に
行って何をしたいですか？

子供の頃、理科の授業で太陽がいつか
燃え尽きるというのを聞いて怖かった
ので、その瞬間の地球を見たい。

Kenji Sato × Kyoko Koizumi
Once upon a time
in Atsugi

佐藤健寿 × 小泉今日子
「厚木」

コイズミさんの地元、厚木を訪れた佐藤さん。
子どものころのコイズミさんが見ていた世界
に思いを馳せ、60年代のオールドレンズで撮
影しました。そこには「かつて」の厚木を思わ
せる風景がありました。

私の心の中にある曇り空、ぼんやりと少し霞んで見える世界。
学校へ行くために歩く坂道。
駅に行くために乗るバス。
東京に行くために揺られる小田急線。
いろんなことが面倒くさいから綺麗な光に憧れたんだ。
今は車を走らせて東名高速道路で帰る街。
父が倒れた。姉が倒れた。母が倒れた。
そんな時に車を走らせて帰る街。
どんなに晴れていても、やっぱり心の中は曇り空で、
だから安心する場所なのかもしれない。
私にとっての厚木は光と影の真ん中にある街だ。

Chapter

4

2022.01.10

TRANSIT

林 紗代香・菅原信子

林 紗代香（はやし さよか）・
菅原信子（すがわら のぶこ）
トラベルカルチャーマガジン『TRANSIT』
の編集長・副編集長。「旅」というフィ
ルターを通して"地球上に散らばる美し
いモノ・コト・ヒト"を紹介する媒体とし
て 2008 年に創刊。『TRANSIT VOICE
〜旅するポッドキャスト〜』『TRANSIT
Worldview〜旅と世界の話〜』の配信も。

東京・目黒の目黒川近くに、トラベルカルチャーマガジン『TRANSIT』の編集部があります。『TRANSIT』は、世界各地を旅し、さまざまな風景や生物、暮らし、歴史を見つめ、発信する雑誌です。編集長・林紗代香さん、副編集長・菅原信子さんと、コイズミさんの旅をめぐる物語が始まります。

余白の部分を大事にする『TRANSIT』

小泉　今日は、とある雑誌の編集部にお邪魔しています。昔、私もすぐそこに住んでて、奥の袋小路の所がすっごく仲のいい人のおうちで、10代のときからしょっちゅうそこにいて。だからすごく「知ってる場所に来ている」っていう感じなんです。普段は作家の方とか本屋さんがゲストなんですけど、今日は少し趣を変えまして、とてもすてきな雑誌をつくっていらっしゃる方々です。トラベルカルチャーマガジン『TRANSIT』編集長の林紗代香さん。きれいな名前ですね。そして副編集長の菅原信子さんとお話をさせていただきます。よろしくお願いします。

林・菅原　よろしくお願いします。

小泉　ポッドキャストをやられてたじゃないですか。2020年ですかね？

菅原　はい、2020年の12月から。

小泉　移動中とかに声を聴いていたので、初めましてな気がしなくなっちゃいました。ここは、会議をしたり打ち合わせをするお部屋ですか？

林　はい、そうですね。

小泉　大きな風景のお写真が壁に貼られてますけど、どこだろう？

	こっちの氷の世界はどこのお写真ですか。
林	パタゴニア*の氷河ですね。もう1枚の方はイエメンのサナ
	アという旧市街になります。今は内戦で破壊されてしまっ
	ているそうなので、同じ景色がもう……、
小泉	もうないかもしれない。
林	見られないというお話は伺っています。これは確か2003年
	ごろの写真ですね。
小泉	『TRANSIT』は、どんな雑誌と説明したらいいでしょう。旅？
林	難しいんですけれども、世界の美しい風景とか文化とか、
	その「モノ・コト・ヒト」を、旅というフィルターを通して紹
	介する「トラベルカルチャーマガジン」と。
小泉	これは何年から。何年ぐらい続いているんですか。
菅原	2008年ですね。
小泉	2008年から、この雑誌が続いている。
菅原	はい。年4回発行していて、最新号が54号になります。
小泉	じゃあ、2008年からふたりは全世界各地に取材に行かれて。
林	そうですね。私は2008年創刊時から編集部に在籍してお
	ります。
菅原	私は2012年からなんですけど。
小泉	いろんな所に行ってきた。こんな状況になると思ってませ
	んでしたけど、今コロナ禍で旅行になかなか行けないじゃ
	ないですか。先ほどのイエメンのお写真についてもそうい
	うお話しされてましたけど、国だとか景色だとか変化して

---

*パタゴニア：南アメリカ大陸南端のアルゼンチンとチリにまたがる地域。アルゼンチン南部にある
世界遺産のロス・グラシアレス国立公園内では、巨大なペリト・モレノ氷河を見ることができる。

いくものがこうやって残っていくっていうのは、やっぱりとてもすてきなことな気がしますよね。

林　それはもう。このコロナ禍において身に染みますよね。

小泉　私も若いときは本当にしょっちゅう海外旅行に行ってました。それこそさっきのおうちの話で、小暮徹さんとこぐれひでこさん＊がそこに住んでたんですよね、今は引っ越されて海の方に行ってるんですけど。10代のときからそこに出入りして、お休みがあったら一緒に旅行することが多くてですね。「次はどこに行こう？」っておうちで会議をして「行ったことないからアフリカにしよう」って言って、動物のハンティングを見に行くとか。そんなふうにして青春時代を過ごしたんです。今、旅行できないっていう息苦しさはあると思うんだけど、こういう雑誌を見ることによって少しね。その隙間を埋められる気がするし。あと「自由に行き来できるようになったらこの本を持ってどこどこに行こう！」っていうガイドにはなりそうですよね。

林　とっても嬉しいですね。

菅原　ふふ。本当に。その通りですね。

林　いわゆる“いいホテル”とか“人気のレストラン”とかそういう情報が載っている「ガイドブック」ではないんですけれども、そうやって現地に持っていってくださると本当に嬉しいなと思います。

小泉　ね。ガイドブックはガイドブックで、必要なら買えばいいじ

*小暮徹さんとこぐれひでこさん：写真家の小暮徹さんとイラストレーター、エッセイスト、料理研究家のこぐれひでこさんの夫妻は、コイズミさんと大変仲が良く、「ホントのコイズミさん」でも度々その名前が挙がる。コイズミさんとこぐれひでこさんはかつて『小泉今日子×こぐれひでこ　往復書簡』を共著で出版。親密な交流の様子が綴られている。

林さん（右）の後ろにはパタゴニアの氷河、菅原さん（左）の後ろにはサナアの旧市街の写真が飾られており、旅の雰囲気が漂う『TRANSIT』編集部。

ゃない（笑）。例えばこのポルトガル号なら、日本とか他の国にはないインテリアっていうんですかね。そういうのが現地で見たいとか。いろいろその国、その街に関わるカルチャーを取材されているんですよね、きっとね。

林　　　その背景といいますか。「じゃあ、このタイルが生まれた理由はなんなのか」とか「なぜこれが愛されているのか」といった所を深掘りしています。

小泉　　ポッドキャストに「衣と社会」みたいな回*があったじゃないですか。

菅原　　はい。中村和恵*さんに登場いただいたときの。

小泉　　　あの回もすごくおもしろかったですね。お洋服って、社会生活をするために必要だから着てるけど、意外とその土地その土地の社会にすごく左右されてたりするっていうお話だったと思うんですけど。

菅原　　　そうですね。

小泉　　　あんまり考えたことがなかったけど、そう思って「東京」っていう街を見たりいろんな国を見たりすると、なるほどなっていう感じもあったりして。『TRANSIT』は、旅にただ行ってきれいな景色見ておいしいもの食べて、っていうことだけじゃなくて「自分の世界を広げるための雑誌」っていう気がします。

林　　　　おっしゃる通りです。ありがとうございます。

一同　　　（笑）

林　　　　私たちも「どんな雑誌なんですか？」って聞かれると、うまく説明ができなくて。でも、読んだ方にとって「こんな本だ」って感じるものがあったら、それがいちばんいいなと思っています。

菅原　　　そうですね、本当に。

林　　　　余白の部分はすごく大切にしたいなと思っています。「こういう旅をするのがいちばんすてきで、それがゴールなんだよ」ということを伝えたいわけではないので。

小泉　　　うんうん。ひとりで街を歩いているときに「この路地曲がっちゃおうかな〜」って行ってみて、曲がった先にとっても

---

* 「衣と社会」みたいな回：Spotify オリジナルポッドキャスト番組『TRANSIT VOICE 〜旅するポッドキャスト〜』#08「衣」から世界を見つめる
*中村和恵：比較文学研究の他、小説、詩、批評、翻訳など幅広い分野で活躍。著書に『トカゲのラザロ』『日本語に生まれて』『ドレス・アフター・ドレス クローゼットから始まる冒険』など多数。

TRANSIT

129

かわいいお店を見つけたりする、みたいな。そういう楽しみ方をするのが旅だと私も感じてるんです。ガイドブックとか人の情報とかに頼って行っちゃうと、本当に「そこに載っているもの」にしか出合えなかったりするじゃないですか。

菅原　そうですね。『TRANSIT』の本のつくり方とか取材の仕方の特徴って、大通りとか観光名所ももちろん歩くけど、ちょっと路地に入ったり裏通りのすごく小さなお店に入ったりした方で、その街の良さを見つけていく所かなと思っていて。写真家さんも、そういう方が楽しいというか。全然プランのない旅を結構してますね。

小泉　この1冊をつくるために、例えばポルトガルに行くとするじゃないですか。大体、何日間ぐらい取材されているんですか。その場所によるかもしれないけど。

林　コロナ禍の以前は、大体1年ぐらい前から特集を決めていました。ポルトガルだったらイワシのお祭り*みたいに、お祭りとか季節に合わせて撮りたいものもあったりするので、大体4～5班が現地取材を行っていて、それぞれ1週間から2週間かけて。日程はバラバラなんですけれども。

小泉　そうなんだ！　丁寧につくられてるんですね。

菅原　ほとんど予定を決めていかないんですよね。だから予想外のハプニングを待って歩き続けるっていう。

小泉　大体、編集者とカメラマンのふたりですか？　あと現地のコーディネーターみたいな方も必要？

菅原　いらっしゃるときもあれば、ふたりだけのときもあるし、写

---

*イワシのお祭り：ポルトガルのリスボンでイワシ漁の解禁日に合わせて毎年6月12日と13日に開催される聖アントニオ祭のこと。町中にイワシの炭火焼きの屋台が出る。別名イワシ祭りとも。

真家さんひとりだけのときも。

小泉　あ、そっか。行ってもらって、写真を撮ってもらって。

菅原　はい。行っていただいて。文章を書いてもいただいて（笑）。

特集をきっかけに見つめ直した「東京」

小泉　この東京特集っていうのもちょっと興味があったんですよね。タイムスリップじゃないけど、昔の街並みだとか、イラストで明治・大正はこんな感じだったとか。これは、コロナ禍もあって東京特集をやろうと？

林　そうですね。やはり海外に取材に行けなくなりまして。

菅原　日本もやっていこうと。

小泉　それまでは日本はあまり取り上げてなかったんですか？

林　1冊を通して特集することは、ほとんどなかったですね。

菅原　ないですね。どこかの記事だけでやったりとかはあったかもしれない。

小泉　そっか。東京タワーとかね。昭和の「夢のタワー」ですもんね、本当に。ああ、団地とかもね……。

菅原　小泉さん、南平台に住んでいらしたんですか。

小泉　もう、すぐそこに。

菅原　あ、すぐそこってことは青葉台？

小泉　青葉台。ここ出てすぐの、あのビンテージっぽいマンション。

菅原　ああ。この通り沿いですか。すごくすてきなマンションですよね！

小泉　すごく古くって。組合長みたいな人に聞いたら、70年代のオイルショックのころにつくられたから、中の鉄骨が弱いって言ってて（笑）。だけど全然取り壊されないで、まだ今日もあったからすごい。でね、2階だったんですよ、下は駐車場で。だけど2階のいわゆるベランダのスペースが庭にな

ってて。土があって、木があって、たぶん並びの人がご飯を
あげてたんだと思うんですけど、そこに毎日野良猫ちゃんが。
全然懐っこくはないんだけど、真っ白い猫のグループが窓
の外を通ったり昼寝してたりするのを見てて。子どものころ
ずっと猫を飼ってたのに、ひとり暮らしを始めたから「ひと
りじゃちょっと心配」と思って飼ってなかったけど、もう触
りたくってしょうがなくなって……猫を飼ったんです。

菅原　そうだったんですか!　へえ。中目黒のこの辺は、全然変わ
　　　らないですかね?

小泉　少しおうちが建て替えられたりとかはあるけど、意外と変
　　　わらないですよね。あと音大ができたりして。ずっと区の持
　　　ち物で柵があって、桜とか大きい木がばあっと。そこが、学
　　　校になったりとかはあるけど。

菅原　はい、変わりましたね。

小泉　代官山と中目黒はどんどん人が増えていってるけど、この
　　　辺はちょっといいよね。目黒川沿いは、桜の時期とか年末と
　　　かは人が増えるけど。

林　　そうですよね。イルミネーションがある時期は結構人が多く
　　　て……駅で入場制限もしたり。

小泉　昔、私が住み始めたころは、桜の時期もそんなに盛り上が
　　　ってなくて、普通に車で通れたんですけど、なんかどんどん。

菅原　ね、どんどん。年々増えてますね。

小泉　そう、自分の話で申し訳ないんですけど、例えば住むでしょ、
　　　そこに。すると、そこがプチブレイクするっていうのを、私、
　　　何度も経験してて。だからここに住んでたときは、急に目黒
　　　川沿いの桜の時期がお祭り騒ぎになって。そのあと、神山
　　　町に住んだら、最初静かでいいなって思ってたのに何年か
　　　したら「奥渋」と呼ばれるようになって、ちっちゃいカフェ

がいっぱいできて、人がそのカフェに並ぶようになって。偶然なんだろうけど何度かその経験があって（笑）。

菅原　流行りの街をつくり出してる！

小泉　「流行る！」って感じて行くのか……どっちが先かわかんないんですけどね。ふふ。

林　でも人気の街、注目される街って移り変わりますもんね。ちょっと前まで「谷根千*」って言ってたのに……とか（笑）。東東京の方もおもしろくなってきてたりしますしね。

小泉　コロナ禍というのが東京とか日本っていうのをわりと知るきっかけになってます？

菅原　ああ、東京について考えたのはこの特集があってからですね。つくるようになって平成とか昭和とか、近いようで遠くなってしまったあの時代のことを。

小泉　自分は昭和生まれだけど、令和の若い子にとったら2個前の……、

菅原　そうですよね。

小泉　自分たちが明治に対して思ってた感覚でしょ、きっと。

菅原　ふふ。昭和が。

林　たしかに。

小泉　そう。明治、大正、昭和で、明治とかすごく昔だと思ってたけど。私、昭和41年生まれなんで、若い子からすると自分も「結構な昔だよ？」っていう感じになってるっていう。

林　でも昭和のことって100年も経ってないじゃないですか。戦後約80年で、横丁の成り立ちとかそういったものを知ると、

---

*谷根千：東京の谷中・根津・千駄木の3つの街の頭文字を取った呼び方。戦災を逃れた昔ながらの下町の雰囲気を残しつつ新しく個性的な店も増えており、人気のエリアとなっている。

改めて「こういうことだったのか」とか。「ただただ、おいしいお酒を飲んでるだけじゃだめだな」みたいな気持ちになったり（笑）。

小泉　ふふ。なったり。お酒好き？

林　お酒……好きですよね？

菅原　はい（笑）。

小泉　ふふ。そう、東京オリンピックが来るまでは、東京の下町の方では生ごみ的なものをわりと川に流してて。川がすごく汚くなっちゃったみたいで、それを解消するために生まれたものはなんでしょう、というクイズを前にテレビで観て。なんだろうと思ってたら、普通のポリバケツのごみ箱だったんですよ。

一同　（笑）

小泉　「えっ!?」って思って。そういう「ごみを溜めて、蓋ができるもの」みたいな概念がなかったけど、ただそれだけで解消されたらしいんですよね。川もきれいになり始めたみたいなことを言ってたから。「知らないこと、いっぱいあるんだろうなあ、東京って」と思って。

菅原　東京お好きですか？　小泉さん。

小泉　私は神奈川県出身なんですね。でも母が日暮里生まれ・日暮里育ちで、親戚が板橋とか練馬とかにいて、夏休みは泊まりに行くみたいな感覚で。あとは、中学生ぐらいになると友だちどうしでお出かけできるときに、新宿に映画を観に行ったりとか原宿のホコ天に遊びに行ったりみたいな感じなので。好き……まあとなり町っていう感覚。東京の方が40年住んでるんで長いんですけど、まだとなり町っていう感じはしてますね（笑）。となり町っていうかとなりの県。

菅原　へえ。

小泉	東京なんですよね、菅原さんはね。どうですか、東京生まれ。
菅原	東京から離れて住むことにすごく憧れがあるんですけど、なかなかできないでずーっと東京にいて。だから海外の本とか、こういった旅のものが好きなのは、そういうのもあるのかなって、ずっと思ってます。
小泉	そうだね。林さんは？
林	私は岐阜の……、
小泉	あ、岐阜なんですね。いい所。
林	里山の生まれなので、やっぱり東京に、都市文化というものにすごく憧れていて。ライブハウスもないし美術館もないし。なので大学で上京してきたのが私にとっての最初の旅だったなとは思っています。『魔女の宅急便』を観るたびに、ひとりで最初から……最初からじゃないか。住む場所を決めたのは両親とでしたけど。
一同	（笑）
林	あの、自分で少しずつ地盤を固めていく感じ、じゃないです

けれども。関係性を築いていくっていうことが旅だったので。私は最初は正直、あんまり海外志向というのはなくて、東京都内でそういう文化的なものに触れるっていうのが嬉しかったんですよね。

小泉　そっか。私は15、6歳で歌手になってすごく忙しい日々だったんですよね。で、顔が名刺のようなものになっちゃったじゃないですか。「毎日テレビつけりゃ出てる人」みたいな。なのでお休みを長くもらっても、東京で行ける場所がない、日本で行ける場所がない。ひとりで歩いてて、例えばわあって囲まれちゃったときに、誰かいないと対処できないみたいな時期があったので。とにかく1週間、2週間お休みをもらえたら「どっか行こう」ってなってたんですよ。それで当時は今より海外に憧れて海外生活する若い人が多かったんですよね。それはアメリカだとか、あとファッション系の人は必ずパリに1回住むとか、音楽系の人はロンドンに行くとか。だから行けば誰かがいたの、友だちが。「向こうに行っちゃえば遊んでくれる人もいるし」という感じで、ロンドン・パリは本当にしょっちゅう行ってたかもしれない。あとそれこそ、さっきから出てきちゃうけど小暮夫妻もパリのレ・アールにお部屋を持ってた時期があって。他の方も持ってて、鍵貸してくれて「泊まってていいよ」っていう感じが私の海外だったかな。仕事でもバブルのころだったから、しょっちゅう行ったんですよね。コマーシャルの撮影とか、カレンダーの撮影とかでいろんなとこに連れてってもらって。海外に行けばやっぱりスリに遭ったり、何か事故が起こる。その度に「ああ、なんかほっとする」じゃないけど「あ、全然小さい人間じゃん」っていう。東京にいると、ほっといたらみんながいろいろしてくれそうな日々だったから。困ったり、

すごく心細かったりするのが楽しくて(笑)。

林・菅原　わかります。

菅原　失敗しに行くみたいな感じで。

林　それは私もインドですごく感じましたね。やっぱり騙されたりとか、いやな思いをすることがたくさんあって。トラブルもありましたし。「何してるんだろう……」みたいな気持ちになってしまうんですけれども。お財布盗られたこともありますし(笑)。でもそういったことも楽しいと、今になって思いますね。

小泉　そうですね。そのときは本当にね、大変だけど。でもそれがやっぱり日本の価値観だけじゃなくて「世界って広いんだ」と思える瞬間っていうか。日本ってそういう意味では治安がとっても良かったりするけど、世界ではちょっと荷物置いといたらなくなっちゃうとか、ひったくりとか。いろいろあったりすると、基準が変わるというか世界の基準になる。自分の世界の基準がちょっと広がって、いろんなことを考えるきっかけになるのかなという気がしますけれども。

インドに呼ばれて

小泉　あとどこか忘れられない場所とかあります？　取材に行かれて。

菅原　いっぱいありますけど、やっぱりいちばん最初に「旅っておもしろいな」と思ったのがインドで。

小泉　あー、インドなんだ。

菅原　友だちと2週間。卒業旅行だったんですけど、そのときは全然旅慣れてなかったんです。それで、なんでインドに行ったのかって言ったら、ある日夢で「インドに行け」みたい

な……、

一同	（笑）
小泉	あ、きたんだ（笑）。
菅原	きたんですよ。呼ばれて「あ、行こう」と思って。行ったら、たしかに騙されそうになったりとかあるんですけど、ごはんがおいしくって光がすごくきれいで、歩いてる人たちがみんなすごくかっこよくて。どこかに行きたいんだけど行けないと思っていたのが、どこに行ってもいいっていう、なんかこう、「こんなに自由なんだ！」っていうふうに思ったのが、初めての旅の体験でしたね。
小泉	私はインドに呼ばれてないんですよ。結構いろんな所に行ってるんですけど、まだ呼ばれてない。いつか呼ばれるかな！（笑）
菅原	本当に呼ばれました……林さんはどうですか。
林	うん。私も呼ばれましたね。
小泉	インド？　へえ。それはお仕事じゃなく？
林	最初はそう、お仕事じゃなかったですね。でも本当に心細かったと言いますか、当時クレジットカードを持っていなかったんですかね。現金だけを持って行ったんですけれども本当にお金がなくなってしまって……！　で、何かあったときのために両替せずにおいてた1万円があったんですけれども、ちょっと破れちゃってたんですよ。それを「これ破れてるから5千円分のルピーにしかならない」って言われて。
小泉	えー！
林	「それでもいいから替えてください」って言って替えてもらって、なんとか現地滞在の足しにしたんですけれども。でもまあ困ってるときには助けてくれる文化もあるので、すごく辛い思いもしたんだけれども、嬉し涙みたいなのが流れてしま

うときもあったりとかして。

小泉　　へえ。

林　　本当に喜怒哀楽を……、

菅原　　うん。怒りもしますよね。

林　　自分の感情を全て出したなっていう経験をしましたね。

小泉　　やっぱりなんかインドって、解放じゃないけど、そういう場所なんですかね。

林・菅原　　そんな感じしますね。

小泉　　行ってみたいな。ネパールは仕事、ドラマの撮影で行ったんだけど。現地の人がみんなすごく親切なんですよね。そのとき、『地球の歩き方』を持ってるようなバックパッカーの日本人の子たちが結構いて。それでそういう親切な人のおうちに泊まらせてもらって、ごはんを食べさせてもらっているような日本の若者の男の子もいて。私たちもドラマ撮ってるんで、炊き出し的な感じでごはんを俳優・スタッフに配ってもらってたら、その子も並んでて。なんか……「甘えてんじゃねーよ！」っていう気になったんですよね。

一同　　（笑）

小泉　　いいことなんですよ。だけど、生活できない人たちもいっぱいいるような国で、私たちが立ってると子どもたちが「1ドルちょうだい！」って群がってくるような所で、「恩恵にあずかってんじゃねーよ、お金落としてけよ！」みたいな、そういう気になったっていうのはありましたけど。

林　　ネパールのカトマンズは、インドに疲れた人がエスケープをしてそこで旅人が沈没してしまう、「沈没の地」って言われてますよ（笑）。

小泉　　あ、もう骨抜きにされちゃうみたいな？　優しくて。

菅原　　優しくて、そんなにみんなガツガツしてないし。

小泉　盗難とかも少ないっぽいですもんね。

林　甘えてたんでしょうね。

一同　（笑）

小泉　甘えて。そっか。

菅原　癒されてたのかも。

小泉　じゃあちょっと沈没してたんだな、その子は。今どこかで立ち直って立派な人になってるかもしれないですね。だいぶ前ですね。カトマンズでは立派なホテルに泊まってたけどしょっちゅう停電が起きたり。あとやっぱりスタッフも毎日ひとりずつお腹壊して欠けてるみたいな感じで。私とメイクさんだけ1回も下痢にならなかった。強い。

林　たくましい。

菅原　じゃあインドも大丈夫だと思います。

小泉　ほんと？　アフリカで泊まったときもシャワーの水が茶色かったんですよね。でも「なんか肌の調子良くない？」みたいな。わりとどこ行っても大丈夫なタイプ。心がたくましいタイプかも。

菅原　わあ、すごい！

林　アフリカはどちらに行かれたんですか。

小泉　ケニアの中の国立公園的な所があって、動物がたくさん普通に暮らしているエリアの中の、お部屋も1個ずつテントみたいになってるホテルに泊まって。ドライバーの人が「行くよー」って毎日朝・昼・晩と声をかけてくれて、車に乗って動物を見にいくっていうのがついてました。ごはんもバイキング的にお外でやるから、近づいたら虫がいたりするんだけど、もうそういうのも「ふっ！」って追い払う感じで。ふふ。全然平気でした。

林　いいですね。

菅原　　どこでも大丈夫です、きっと。

コイズミさんの「聖地」は？

小泉　　そういう体験をみんないっぱいしたら楽しいのにね。今の
　　　　若い人、あんまり旅行とか海外に昔ほど憧れがないみたい
　　　　なこともよく言われますけど。

林　　　行った気になってしまうんですかね。インターネットで。
　　　　Google Earthとかで結構見れちゃいますよね。

小泉　　情報が全部ね、見れちゃいますよね。

菅原　　『TRANSIT』の読者アンケートを見てると、20代の子とか
　　　　まだ10代の子も結構書いてくれて、すごく関心が高い子も
　　　　いて。そういう子たちが「これからどこに行きたいか」って
　　　　考えるきっかけになれたらいいなってすごく思いますね。

小泉　　最新号が出たばかり？

菅原　　そうですね。12月15日に、聖地の特集で。

小泉　　聖地特集！　おお、それはちょっと興味ありますね。

林　　　エルサレムとかサンティアゴ・デ・コンポステーラ*とかメ
　　　　ッカとか。インドのガンジス川とかもあるんですけれども。
　　　　宗教聖地の他にも、アメリカの先住民にとっての聖なる場
　　　　所ですとか。

菅原　　ケルトの人たちも。アイルランドに行ってもらって。

小泉　　へえ。楽しみです。

林　　　小泉さんにとって聖地ってありますか？　憧れの……ニュ

---

*サンティアゴ・デ・コンポステーラ：スペインの北西部にある州都。エルサレム、バチカンと並ぶキ
リスト教三大巡礼地のひとつ。9世紀に聖ヤコブの墓が発見され、大聖堂が建てられた。巡礼路が
世界遺産に登録されている。

ーヨークとかでもいいんですけども。

小泉　それも変わっていってますよね。若いときはやっぱりファッションとか音楽とか、ロンドンから発せられたものが好きだったから、初めてロンドンに行ったときは「あー、ここがキングス・ロード*か」とか、ヴィヴィアン・ウエストウッド*の1号店の「ワールズ・エンド*」っていうお店とかに行って「わあ！」ってなってたら「ボーイ・ジョージ*、買い物来てるやっべえ！」みたいな（笑）。そんなのがロンドン。あとは仕事で行くことが多かったけど、やっぱりなんかハワイはすごく「磁場がいい」って感じたりする。ハワイに行くと意外と自分はいいことが起こるじゃないけど、ポジティブにリセットされる感覚があって。オアフ島っていうよりはハワイ島とか、まだそこまで観光地になってない所の方がとくにそう思ったり。今どこに行ってみたいかっていうと、よこしまな理由でちょっと韓国には行きたいんですけど（笑）。

菅原　いやいや、全然よこしまじゃないです。聖地ですよね。

林　そうですよ。今、アニメの聖地巡礼とかもありますから。

小泉　ね。そう、だから私はちょっとK-POP聖地巡礼として韓国に行ってみたいのと。あとじつは近いのに行ったことがな

---

*キングス・ロード：ロンドンのチェルシー地区にある有名なファッションストリート。1950年代にはマリー・クヮント、70年代にはヴィヴィアン・ウエストウッドがブティックを開店した。
*ヴィヴィアン・ウエストウッド：イギリスを代表するファッションデザイナー、ブランド。オーブをかたどったロゴが特徴。パートナーだったマルコム・マクラーレンと共にパンクロックムーブメントを牽引。1971年にキングス・ロード430番地にブティック「レット・イット・ロック」をオープン。「パンクの女王」とも呼ばれる。
*ワールズ・エンド：1980年にキングス・ロード430番地に再オープンしたブティックの店名。文字盤が13時まであり、逆回りに回転する大きな時計が店の看板となっている。
*ボーイ・ジョージ：イギリス人ミュージシャン。ブルー・アイド・ソウルのバンド「カルチャー・クラブ」のヴォーカリスト。代表曲に「カーマは気まぐれ」がある。

いのが台湾で。行ってみたいです、とっても。

菅原　意外ですね。ないんですか。

小泉　なかったんですよね。香港は世代的にわりと行くことが多くて、香港も大好きだったんですけど、台湾は行ったことがなくて、行ってみたい。コロナ禍明けて、もし「どこでも行けるよ」って言われたらどうします？　おふたり。ふふ。難しそうな顔した。

林　どうしましょうね。

菅原　難しい。どこでも行きたいですけどね。どこだろう。

林　どこですかね。でもアジアの屋台や夜市とか。そういった雑踏にまみれたいといいますか（笑）。

小泉　そうだね。わいわいしているとこに。

林　賑やかな場所で、煩わしいことに出合いながらも「これって旅だな」って感じたいですね。

小泉　うんうん！ ホ